蜜蜂产业 从业指南 丛书

走进 蜜蜂 世界

◎ 陈恕仁 李海燕 主编

探索蜂群奥秘 讲述蜜蜂文化

中国农业科学技术出版社

图书在版编目(CIP)数据

走进蜜蜂世界/陈恕仁,李海燕主编.—北京:中国
农业科学技术出版社,2014.1
(蜜蜂产业从业指南)
ISBN 978 – 7 – 5116 – 1449 – 0

Ⅰ.①走… Ⅱ.①陈…②李… Ⅲ.①蜜蜂 – 基本知识
Ⅳ.①S893

中国版本图书馆 CIP 数据核字(2013)第 278828 号

责任编辑　闫庆健　李冠桥
责任校对　贾晓红

出 版 者　中国农业科学技术出版社
　　　　　北京市中关村南大街 12 号　邮编:100081
电　　话　(010)82106632(编辑室)　(010)82109704(发行部)
　　　　　(010)82109709(读者服务部)
传　　真　(010)82106625
网　　址　http://www.castp.cn
经 销 者　各地新华书店
印 刷 者　北京华正印刷有限公司
开　　本　710mm×1 000mm　1/16
印　　张　6.75
字　　数　117 千字
版　　次　2014 年 1 月第 1 版　2014 年 1 月第 1 次印刷
定　　价　12.00 元

《蜜蜂产业从业指南》丛书
编 委 会

主　任：吴　杰

副主任：李海燕

编　委：（按姓氏笔画排序）

刁青云	马景芳	王光新	王　安	王　英
王峰霞	王　彪	王　强	方兵兵	石艳丽
石　巍	龙玉媛	付中民	冯　毛	冯淑贞
冯朝军	朱　应	刘世丽	刘　岚	刘朋飞
闫庆健	孙丽萍	李文艳	李建科	李海燕
吴　杰	吴忠高	吴黎明	张红城	陈大福
陈泽华	陈恕仁	陈淑兰	陈黎红	苑吉勇
罗术东	罗照亮	周　军	周　玮	郑　正
房　宇	赵小艳	赵亮亮	洪　毅	徐　响
高爱玲	黄少华	黄京平	曹　磊	梁　勤
彭文君	董　捷	韩巧菊	韩胜明	温　娟
谢双红	熊翠玲	霍　炜		

《走进蜜蜂世界》
编 委 会

主　　编：陈恕仁　李海燕

副 主 编：曹　磊　王　安　陈黎红

参编人员：（按姓氏笔画排序）

王　安　龙玉媛　冯淑贞

刘世丽　李海燕　陈恕仁

陈黎红　洪　毅　高爱玲

曹　磊

《蜜蜂产业从业指南》丛书
总　序

　　我国是世界第一养蜂大国，也是最早饲养蜜蜂和食用蜂产品的国家之一，具有疆域辽阔，地形多样等特点。我国蜜源植物种类繁多，总面积超过3 000万公顷，一年四季均有植物开花，蜂业巨大潜力待挖掘。作为业界影响力大、权威性强的行业刊物，《中国蜂业》杂志收到大量读者来函来电，热切期望帮助他们推荐一套系统、完善、全面指导他们发展蜂业的丛书。这当中既有养蜂人，也有苦于入行无门的"门外汉"，然而，在如此旺盛的需求背后，市场却难觅此类指导性丛书。在《中国蜂业》喜迎创刊80周年之际，杂志社与中国农业科学技术出版社一起策划出版了这套《蜜蜂产业从业指南》丛书。

　　丛书依托中国农业科学院蜜蜂研究所及《中国蜂业》杂志社的人才和科研资源，在业内专家指导、建议下选定了与读者关系密切的饲养技术、蜂病防治、授粉、蜂产品加工、蜂业维权、蜜蜂经济、蜂疗、蜂文化、小经验九个重点方向。丛书联合了各领域知名专家或学科带头人，他们既有深厚的专业背景，又有一线实战经验，更可贵的是他们那份竭尽心力的精神和化繁为简的能力，让本丛书具有较高的权威性、科学性和可读性。

　　《蜜蜂产业从业指南》丛书的问世，填补了该领域系统性丛书的空白。具有如下特点：一是强调专业针对性，每本书针对一个专业方向、一个技术问题或一个产品领域，主题明确，适应读者的需要；二是强调内容适用性，丛书在编写过程中避免了过多的理论叙述，注重实用、易懂、可操作，文字简练，有助掌握；三是强调知识先进性，丛书中所涉及的技术、工艺和设备都是近年来在实践中得到应用并证明有良好收效的较新资料，杜绝平庸的长篇叙述，突出创新和简便。

我们相信，这套丛书的出版，不仅为广大蜂业爱好者提供了入门教材，同时，也为蜂业工作者提供了一套必备的工具书，我们希望这套丛书成为社会全面、系统了解蜂业的参照，也成为业内外对话交流的基础。

我们自忖学有不足，见识有限，高山仰止，景行行止，恳请业内同仁及广大读者批评指正。

袁忠

2013 年 10 月

前　言

21 世纪是"生物科学的世纪"、"信息化的世纪"、"健康的世纪"。生物科学的发展将带动其他学科的发展。探索蜜蜂的各种奥秘，可以从中获得无穷的乐趣和启示。

蜜蜂在漫长的历史长河中，过着井然有序的集体生活，生生不息地在地球上顽强生活了约 1.3 亿年。人类在与蜜蜂和谐相处中发现蜜蜂不仅是人类健康的好朋友，更是人类科学技术发展的良师益友。人们不仅通过学习蜜蜂团结、勤奋、奉献、诚信的拼搏精神，始终保持和大自然和谐统一，而且充分利用蜜蜂奉献给人类的诸多的精神财富，并用蜂产品来强身健体，养颜美容，延年益寿。蜜蜂是个不知疲倦的"月下老人"，通过授粉能大幅度提高多种农作物的产量和品质，保障人们的食物来源。蜂群是一座微型的"生物制药厂"，源源不断地为人类生产多种天然药品和保健品，是人类健康长寿的保护神。

此时呈现在您面前的是一本既新颖、有趣，又颇具启发性的知识读物，这里既有蜜蜂王国的奇闻趣事，也有古今中外关于蜜蜂的诗词典故，内容丰富、精彩。在探索蜜蜂王国奥秘的同时，了解科学知识，能大开眼界。希望它能像一缕阳光，照耀在您求知奋进和健康保健之路上。

《走进蜜蜂世界》一书的撰写，得到了蜂业界、出版界领导、朋友和蜂疗专家的关怀与帮助，特此深表感谢。

由于水平有限，书中难免有一些不足及疏漏之处，恳请专家和广大读者给予指教。

编　　者

2013 年 9 月

目　录

蜜蜂发展历史

第一节　蜜蜂的起源与演化

　　人类的祖先是类人猿，而蜜蜂的祖先是谁？它起源于什么时间和什么地方？又是怎样演化的呢？早先科学家对这一问题的见解各不相同。一部分科学家根据早期蜜蜂的种类大多分布于印度次大陆和东南亚这一事实，认为蜜蜂应起源于此；另一部分科学家根据当今蜜蜂种类最多、最集中于中国喜马拉雅山和横断山脉，被子植物起源我国西南，蜜蜂又是与被子植物同步进化的事实，则认为蜜蜂应起源于我国西南地区；还有一部分学者则认为西方蜜蜂是从喜马拉雅山地区较原始的东方蜜蜂发展而来，并认为地中海东部与高加索地区之间，西方蜜蜂在辐射分布上形态变异相当明显，由此推测西方蜜蜂种下分化中心可能在中东地区。这些设想和推论似乎都有些道理，但推敲起来都有些科学论据欠充分之感，尤其是缺乏论断蜜蜂起源的关键性物证——蜜蜂化石，以及与之协同进化的被子植物化石和花粉化石。近30年来，我国的考古工作者在山东等地找到上述的关键物证，从而有根据地推断蜜蜂的起源，推断的结论也比较让人信服。下面就让我们从发现的蜜蜂化石、被子植物及花粉化石的资料说说蜜蜂的起源吧。

　　其一，20世纪80年代，在我国山东莱阳盆地与山东东旺盆地陆续发现的北泊子古蜜蜂化石和中新蜜蜂化石，据考古专家考证，分别为距今1.3亿年的早白垩纪和2 500万年的中新纪时期。根据对北泊子古蜜蜂和中新蜜蜂的形态特征分析，中新蜜蜂与现在的中化蜜蜂（属东方蜜蜂种）极其近似，特别是分类主要依据之一翅脉是一致的，因而推断中新蜜蜂很可能是中华蜜蜂的祖先；还有，北泊子古蜜蜂化石与中新蜜蜂化石先后在山东省发现，并非孤立，两者间有其溯古延后的联系，因此，考古学家认为，中新蜜蜂是由早期北泊子古蜜蜂演化而来的。

山东蜜蜂化石的发现和考证得出了结论：蜜蜂起源于1.3亿年的早白垩纪早期和华北古陆，经后期至晚白垩纪，距今1.35亿年至0.7亿年，而且最早是从早期北泊子古蜜蜂演化来的。

其二，根据目前我国已发现的被子植物及其花粉化石资料，早白垩纪早期的初期，在我国南北方植物群中均未发现被子植物及其花粉化石，而在华北古陆却出现可疑的被子植物，说明被子植物是在华北古陆最先出现的而且是处于原始阶段，这与古蜜蜂此时也正是处于原始阶段尚未演化为真正蜜蜂的考古结论相吻合。接着，进入早白垩纪早期的后期至早白垩纪晚期，在我国尤其华北古陆已普遍发现被子植物花粉的化石，此时，我国西南地区还沉浸于汪洋大海之中，而且迄今未发现被子植物花粉化石。因此，可以断定，被子植物起源于我国华北古陆而并非起源于西南地区。

从蜜蜂化石、被子植物及其花粉化石考证结合古地理变迁、古生态变迁等资料综合考虑，科学界得出了最新的结论：蜜蜂和被子植物是协同进化并皆起源于我国华北古陆的早白垩纪（1.3亿年）。

进一步从化石资料研究显示，现代蜜蜂是由古蜜蜂演化而来的。那么古蜜蜂又是从哪来，它们的祖先又是谁呢？根据更广泛的考古资料记载，大约在1.9亿年前，最初的古蜜蜂可能是从一些类似胡蜂样的蜂类演化而来的。由于被子植物的出现，这些类似胡蜂样的古蜜蜂逐渐改变原食肉习性为食被子植物的花蜜和花粉，它们只居住在温暖的地区，在以花蜜和花粉为食物的长期进化过程中，身体逐渐发生许多与采集相适应的特殊结构，如身体丛生茸毛，便于黏附和收集花粉；喙（俗称蜂舌）加长，便于吮吸深存于花冠底部的花蜜；又如它们的嗉囊（类似动物的胃）扩大成"蜜囊"，并有一个能自动控制的"胃瓣"，以便能携带大量的花蜜；腹部的腹板上演化有四对蜡腺分泌蜡鳞片，用于建造自己的家——蜂巢（图1-1）。

图1-1 蜂巢中的蜜蜂

蜜蜂身上的这些特殊结构是千百万年来自然选择和进化的结果。仔细研究可以发现：蜜蜂与显花植物之间相互适应性已达到近乎完美程度，蜜蜂在采花之时，得到花蜜、花粉等花朵"付"给它的"酬劳"的同时，也为植物传花授粉，促使植物果实累累。从古至今蜜蜂对众多有花植物繁衍后代的无量功德，自然使得它成为当之无愧的有益昆虫。

第二节 蜜蜂化石

蜜蜂化石（bee fossil）保存于岩石或琥珀中的古蜜蜂遗体称为化石，蜜蜂化石对研究蜜蜂的起源、演化、分类有重要的意义。

有关蜂化石的记载，首见于中国陶弘景对梁代《名医别录》中的一则注释。他说："俗有琥珀中有一蜂，形色如生。"但后人无法断定，这就是蜜蜂化石（图1-2）。

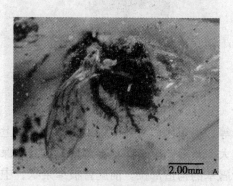

2.00mm A

图1-2 琥珀中的蜜蜂

20世纪以来，德国A.汉德勒斯、美国D.A科克里尔、德国G.斯塔茨、英国F.E.左伊拿、英国L.安布鲁斯特、意大利L.鲁西、中国洪友崇、美国T.W卡利内等人，对已发现的蜜蜂化石进行了研究，共定名蜜蜂属化石已绝灭9个种和7个亚种，加上两个现生种。分别分布于古北区（欧亚古陆温带区）、东洋区（热带、亚热带地区）、非洲区（撒哈拉沙漠以南地区）。

西方蜜蜂原产于地中海周围地区，现以引入世界各地饲养；东方蜜蜂主要分布于亚洲东南部。中国发现的蜜蜂化石，以北泊子古蜜蜂（Palaepis beibozie ns is Hong）和中新蜜蜂（Apis miocenica Hong）两种化石具有代表性（图1-3）。北泊子古蜜蜂化石是1983年在华北古陆山东莱阳盆地莱阳组中发现的，距今约 1.3 亿年。它的胫节较细，采集花粉的器官不发达，但从形态特征上看当属于蜜蜂总科的古昆虫。1983 年发现于山东山旺地区、距今 2 500 万年的中新蜜蜂化石，则与近代生存的蜜蜂更为接近。

图 1-3 中新蜜蜂化石

该蜜蜂虫体中等，褐棕色。头部前触角圆形横宽；上唇前突，很宽，但稍窄于唇基；复眼大，肾形，单眼保存不清楚；在侧面保存的上唇下方有一棕色斑块，可能为唇基的构造部位。前胸背板窄条状，中胸背板宽大，小盾片较窄，向中央变宽，并微微下垂，与后盾片中沟连接，后盾片窄带状，向中央中沟微微收缩，两侧明显变窄。足膨大、宽而短，基节较短，为 1.5 毫米；股节宽肩，长与胫节相差不大或稍短于胫节；胫节稍长第一跗节，宽大，具密集的毛；腹部可见 6 节，每节（腹、背片）矩形，下方有一棕色环带，甚为特殊，第一腹节腹片中央的毛密集，并向两侧呈"八"字形规则散开。其翅脉保存清楚，与近代生存的蜜蜂类脉序基本相同。翅基窄长，端缘斜切；前缘斜直，末端向下弯曲，中脉多次弯曲最后向斜伸出，末端未达翅缘消失；中脉在翅基与肘臀脉合并，斜直，以后两脉分离；肘臀脉与中脉分离后，曲折下斜，并分为肘臀脉 1 和肘臀脉 2，前者末端钩形，未达翅缘；后者突然向前交于臀脉；肘臀脉斜伸达翅缘。一支径脉形成两个径室，后者多于前者两倍；三支径中横脉，形成三个径中室。后翅明显变小，前缘近平伸，末端微微向下弯曲；径脉靠近前缘，加厚，末端发出径脉，倾斜；中脉与脉臀脉在翅基合并，在翅中点稍后分离呈叉形，中脉分岔特点属于中华蜜蜂形。虫体长 14~15 毫米，宽 5~6 毫米；前翅长 8~11 毫米；后翅长 6~7 毫米，宽 2 毫米。

有人从中国发现的蜜蜂化石推断，中华蜜蜂可能起源于早白垩纪的华北古陆。

第三节　历史悠久的养蜂业

我国是一个养蜂古国和大国，远自上古的渔猎时期，我们祖先就已经接触到了蜜蜂。在古代的甲骨文中就有"蜂"字和"蜜"字出现。"莫予荓蜂，自求辛螫"，出自《诗经》（诗经·周颂·小毖）距今 3 000 多年，表明 3 000 年前的民间已普遍具备猎取野生蜂群的知识。

公元 25—220 年，《高士传》记载的东汉姜岐是第一位出现在文字中的养蜂家。"姜岐隐居山林，以畜蜂豕为事，教授者满天下，营业者三百人，民从而居之者数千家。"

公元 276—324 年，西晋人郭璞著《蜜蜂赋》，首次叙述蜜蜂是社会性昆虫，蜂群中有总群民的大君，司管保卫的阍卫等。

公元 3 世纪的《神农本草经》中已将石蜜、蜂子、蜜蜡列为医药上品。汉代发明了蜡缬（即蜡染丝织品技术）。以后蜡染纺织品即作为历代皇宫的贡品。

元代司农司（农业部门）编写的《农桑辑要》，明代徐光启写的《农政全书》，明清之际书商编的《三农书》等，都论述了养蜂的方法和好处，而且把它列入到农业生产的组成部分，后者一直沿用至今。

南宋周密著的《齐东野语》记述了当时人们以杀鸡取卵式取蜜的野蛮方法。到了清代，养蜂业得以进一步发展。在郝懿行的《蜂衙小记》中以简洁的小品文体，记述了蜜蜂的生活习性和饲养事项共 15 则。胡启俊的《蜂房春秋》，内容十分丰富翔实。

前人的养蜂记载颇丰，是一份不可多得的宝贵遗产，也印证了我国是一个养蜂古国。

第二章

奇妙的蜜蜂世界

第一节 复杂的生物学属性

一、蜜蜂的生物学属性

蜜蜂总科（bees）学名 Apoidea，膜翅目（Hymenoptera）细腰亚目（Apocrita）螫刺组，是有益的昆虫类群，能为虫媒植物传播花粉。其中蜜蜂属的类群，还能提供蜂蜜、蜂蜡、蜂王浆及蜂毒等蜂产品。

蜜蜂呈世界性分布，已知种类超过 2 万种。目前，多沿用美国分类学家C. D. 米切纳（1965）的分类系统，共分为 9 个科，即分舌蜂科（Colletidae）、地蜂科（Andrenidae）、隧蜂科（Halictidae）、准蜂科（Melittidae）、切叶蜂科（Megachilidae）、条蜂科（Anthophoridae）、蜜蜂科（Apidae）、双刷蜂科（Fidelidae）及低眼蜂科（Oxacidae）；后两科在中国没有分布（图 2 - 1）。

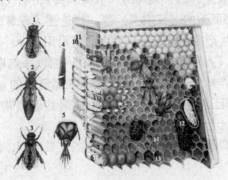

蜂群 1. 雄蜂；2. 蜂王；3. 工蜂；4. 工蜂的后足；5. 工蜂的口器

图 2 - 1 蜜蜂与巢房一角

蜜蜂总科生物学习性复杂，其社会生活方式大致可分为以下3类。

1. 社会性

有职能上的分工的个体（雌性、雄性及工蜂）生活于同一巢内，它们在形态、生理及职能上均有区别。蜂群中成熟的雌蜂属于两个世代——亲代和子代，前者即蜂王，后者即工蜂。蜂王专司生殖产卵，无采粉器官；雄蜂专司交配；工蜂承担巢内一切工作。三型个体不能脱离群体，如果离开蜂群即不能生活，因此，新的蜂群是通过分群形成的，如西方蜜蜂（Apismellifera L.）及东方蜜蜂（Apis cerana Fabricius）。此类可称为高级社会性昆虫。此外，熊蜂属（Bombus）、无刺蜂属（Trigona）及麦蜂属（Melipona）等，蜂群中成熟雌蜂在结构上差别不大，而个体大小、行为及生理等方面均不同，几乎所有成熟的雌蜂均能从个体大小决定它们的等级；蜂群无分群现象；一般称产卵多的为蜂王。此类属低级社会性昆虫（图2-2）。

图2-2 工蜂的六个品种

2. 独栖性

雌蜂一般无个体间形态上的差异及职能上的分工。每一成熟的雌蜂独自修筑自己的巢（有时几个雌蜂共同在一定面积上筑巢，但彼此无关）。雌蜂一次性提供幼虫成熟所需的蜂粮。筑巢室、储蜂粮、产卵，最后封闭巢室口，雌蜂继续在同一巢中建造下一个巢室，或迁移地点，另筑新巢。一般在幼虫成熟前，成熟雌蜂死亡，因此，亲子代间无接触。蜜蜂总科中的绝大多数的种类均属此类。

3. 寄生性

为蜜蜂总科中营寄生生活的蜜蜂。雌蜂不筑巢，在其他种类的蜜蜂巢内产卵，幼虫的发育依赖于寄生所储存的蜂粮。属此类的如拟熊蜂属（Psithyrus）等。蜜蜂筑巢本能复杂，巢的结构多样，除社会性蜜蜂在蜂箱、树洞或土穴中以自身分泌的蜡作巢脾，大多数野生独栖性类群在土中（土墙、沟壁、土穴等）筑巢，另一些在植物枝干、竹筒或木材内；切叶蜂则利用上颚切下的叶片卷成筒状，置于各空洞内；极少数利用蜗牛壳或用砂石粘成巢穴。

二、中国的蜜蜂

1. 蜜蜂属六种

东方蜜蜂 *Apis cerana Fabricius* 1793，西方蜜蜂 *Apis mellifera Linnaeus* 1758，小蜜蜂 *Apis florae Fabricius* 1787，黑小蜜蜂 *Apis andreniformis Smith* 1858，大蜜蜂（排蜂）*Apis dorsata Fabricius* 1793，黑大蜜蜂（岩蜂）*Apis laboriosa Smith* 1871，除西方蜜蜂外，其他五种都原产于我国。东方蜜蜂的定名亚种中华蜜蜂分布在除新疆以外的全国各省区，其他4种蜜蜂都局限于南亚热带地区，即海南、广东、广西壮族自治区（以下称广西）、云南和西藏自治区（以下称西藏）南部，此外，我国还有麦蜂属 Melipona 的无刺蜜蜂。

（1）中华蜜蜂

分布在我国的东方蜜蜂统称为中华蜜蜂，简称中蜂，学名 Apis cerana Fabricius 1793，属昆虫纲，膜翅目，蜜蜂总科，蜜蜂科 Apidae，蜜蜂属 Apis，东方蜜蜂种。

中华蜜蜂的拉丁名是由法国人 Fabricius 确定的。1793 年，他将从中国福建沿海采集的蜜蜂标本定名为 Apis cerana。以后他又将从印度采集的蜜蜂标本定名为 Apis indica。1865 年，法国人 Smith 将从中国云南采集的蜜蜂标本定名为 Apis sinensis。而这三个地区的蜜蜂标本都属于同一蜂种，应以最早的定名为准，因此，东方蜜蜂的种名被确定为 Apis cerana Fabricius 1793。

（2）大蜜蜂

大蜜蜂又称排蜂，学名 Apis dorsata Fabricius，分布在海南和广西的南部，主要栖息在南亚、东南亚各国。

工蜂体长 16～18 毫米，初生重 122 毫克，唇基点刻稀，触角基节及口器黄褐色。胸部背板、侧板被黄褐色长毛。小盾片及胸腹节的长毛呈黄色，腹部第1~2节背板被短而密的黄毛，全身被黑褐色短毛。前翅黑褐色具紫色光泽，后翅色较浅。雄蜂色较浅，体较工蜂短，初生重平均为155毫克。

独立的蜂群营造单一垂直巢脾，长1.0~2.0米，宽0.6~1.2米，巢脾下部为繁殖区，上部为贮蜜区，王台建造在巢脾一侧下方。通常在高大的阔叶乔木，如野生芒果树的树杈上营造蜂巢，在同一棵树上常聚集许多蜂群的蜂巢，多时可达百群。蜂群由一只蜂王、几百只雄蜂、6 000~10 000只工蜂组成。Viswanathan（1950）测出子脾中心温度维持在27.3~28.3℃。春季繁殖新蜂王，新蜂王交尾后在原群附近营造新巢。雄蜂与处女王交配发生在黄昏时刻。这时，雄风集体发出的"嗡嗡"声吸引处女王。交配在原群附近进行。

海南的排蜂每年3月从五指山区迁移到低山及平原的橡胶林中营巢繁殖，这时容易被猎捕；6月中旬之后返回高山区。工蜂具强烈的攻击性，当人、畜离蜂巢2米左右时，工蜂集体发出"唰唰"的警告声，再靠近蜂巢，工蜂便主动攻击入侵者。但排蜂在夜晚较安宁，攻击性弱。即使用手拨动工蜂也不会受攻击。

每年一群排蜂可被猎取蜂蜜10~20千克，常采用二种方法猎取其蜜：一种用打通的长竹竿，顶部切成斜面，插入巢脾上部贮蜜区，蜜汁顺竹竿流入下接容器中。另一种是割脾取蜜，在无月的午夜（24：00至翌日2：00），猎蜂人选择贮蜜多的蜂群，用烟驱散工蜂，割下全部巢脾回到屋后再榨脾取蜜。这种方法取蜜产量虽然较高，但蜜质不纯，而且常使排蜂群遭受严重破坏。

在印度北部人们曾试用木箱人工饲养排蜂，但因工蜂攻击性太强而无法进行。越南北部山民使用人工木架引诱排蜂迁移在其中营巢，待蜂巢贮蜜后再收捕取蜜。

排蜂是南亚热带雨林的重要授粉昆虫，其授粉价值远大于产品的价值，应给以保护。目前，我国排蜂的分布区日益缩小，种群数量处于濒危状态，主要原因是高大的乔木被砍伐，使排蜂失去营巢场所而影响蜂群的繁殖发展。

（3）黑大蜜蜂

黑大蜜蜂又称岩蜂，喜马排蜂，学名 *Apis laboriosa* Smith，分布在我国喜马拉雅山区、横断山区；如西藏南部的隆子、错那、墨脱、察隅、亚东等县，以及印度北部和尼泊尔北部山区。

工蜂体长17~18毫米，全身被黑褐色毛，腹节具白色绒毛环。雄蜂外生殖器与大排蜂不同。

任再金、孙庆海1981年在西藏的山南地区考察发现，山岩的凹陷处和凸出部分下面有黑大蜜蜂的巢脾。黑大蜜蜂营单一垂直巢脾，长 0.8~2.0 米，宽 0.6~1.0 米，巢脾中心及下部为哺育区，上部及两侧为贮蜜区。黑大蜜蜂工蜂攻击性强，当人、畜离蜂群 10 多米时，工蜂即会主动攻击。

黑大蜜蜂每年 6 月从 1 000 米低山区迁移到 2 500~3 000 米的高山区繁殖，10~11 月再迁回低山区繁殖；5~6 月蜂群同时迁移。黑大蜜蜂攻击性太强，无法进行人工驯化饲养。

（4）小蜜蜂

小蜜蜂又称黄小蜜蜂，学名 *Apis floraa* Fabricius，分布在我国海南、广西南部。主要栖息在东南亚各国。

工蜂体长 7~8 毫米，头稍宽于胸。唇基点刻细密，体黑，上颚顶部红褐色，腹部背板暗红色，其余各节黑色，体毛短而少，颜面及头部表面毛灰白色。

小蜜蜂营单一巢脾，一般长 32~35 厘米，高 12~18 厘米，厚 10~12 厘米，上部为贮蜜区，下部为繁殖区，具三型巢房。匡邦郁等在 1991 年测出工蜂房直径 2.7~3.1 毫米，雄蜂房 4.0~4.8 毫米，Sandhu 在 1960 年测出工蜂发育日历为 20.7 日，雄蜂 22.5 日，蜂王 16.5 日。

雄蜂通常在 13：00~14：00 进行婚飞，婚飞时间明显短于其他蜂种。

小蜜蜂每年每群平均可取蜜 1~3 千克，目前未进行人工驯化饲养。

（5）黑小蜜蜂

黑小蜜蜂学名 *Apis andreniformis* Smith，仅分布于云南南部的西双版纳、沧源等地，主要栖息在东南亚各国。

工蜂体长 8~9 毫米，小盾片黑色，腹部全黑色，第 3 至第 5 腹节背板基部具白色绒毛带。

黑小蜜蜂栖息在海拔 1 000 米以下的小灌木丛中，营单一巢脾，巢脾近圆形。目前未人工驯化饲养。

（6）无刺蜜蜂

无刺蜜蜂又称麦蜂，在我国有二种：一种黄纹无刺蜂，学名 *Trigona*（*Melipona*）*ventralis* Smaith，另一种褐翅无刺蜂，学名 *Trigona*（*Melipona*）*vidus lepeletiea* Smaith，仅分布在我国海南及西双版纳。

工蜂体长 3~4 毫米，头大宽于胸，口器发达，中唇舌长，触角短，前翅长，翅长明显超过体长，腹部端部无蜇刺，故称无刺蜜蜂。

雌蜂个体分化为工蜂和蜂王。筑巢于枯树干洞中或土中，巢口具一蜡质圆筒凸起，为 3~4 厘米，如果人为割除圆形凸起，几天后工蜂将重新建造新的圆形出口。巢内分育幼虫区及贮蜜的蜡罐区。无刺蜜蜂无蜇针，不伤害人，但口器发达。常群起攻击人的头发，进到头发撕咬，迫使入侵者离开。每年每群能获取 3~4 千克蜂蜜。无刺蜂生产的蜂蜜药用价值高，价值可比中蜂蜜高 1 倍以上。

无刺蜂属蜜蜂科，麦蜂属，与前 5 种蜜蜂不同属，该属主要种类分布在中美洲。有些种类的工蜂体长可达 10 毫米。在中美洲被人工驯化饲养。

2. 东方蜜蜂与西方蜜蜂的区别

东方蜜蜂与西方蜜蜂存在生殖隔离，两个蜂种在自然界中不能自由交配，这是两个蜂种的主要区别（表 2-1）。除了生殖隔离外，两个蜂种形态上主要区别的特征是：①东方蜜蜂上唇基中央具三角形黄斑。②东方蜜蜂后翅中脉分叉。

在群体行为上东方蜜蜂工蜂扇风时头向巢门，而西方蜜蜂工蜂头向巢门外。

东方蜜蜂雄蜂的巢房，封盖期顶部呈笠状，而西方蜜蜂的雄蜂房顶部平坦。在自然界中，虽然两个蜂种的蜂王性引诱剂相似，能互相吸引对方雄蜂，但由于雄蜂生殖器官的差异，很难发生交配。在人工授精条件下，虽然可以使两个种的精子和卵子结合，但结合后，胚胎分裂到囊胚期即停止，无法形成下一代。经 DNA 杂交鉴定，两个蜂种的 DNA 亲合度只有 70%，有30% 不同。

表 2-1　东方蜜蜂与西方蜜蜂的主要区别

项目		东方蜜蜂 *Apis cerana* Fabr.	西方蜜蜂 *Apis mellifera* Linn.
工蜂	形态	上唇基具三角斑，后翅中脉分叉，个体较小	上唇基无三角斑，后翅中脉无分叉、个体较大
	行为	头向巢门扇风，飞翔速度快，能在 7℃ 气温中采集，失王后工蜂较快产卵，产雄性卵	头向巢门外扇门，多数西方蜜蜂飞翔速度不及东方蜜蜂。低温采集能力不及东方蜜蜂。失王后多数西方蜜蜂工蜂产卵慢，其中海角蜂工蜂能产出雌性卵
蜂王	形态	生殖道口无瓣膜突，一侧卵巢管为 100~120 条	生殖道口有瓣膜突，一侧卵巢管 150~200 条
	行为	每日产卵量为 400~1 000 粒，产卵盛期 1~1.5 年	每日产卵量为 800~1 500 粒，产卵盛期 2~3 年

3. 中华蜜蜂应大力保护

19 世纪末，我国开始从日本及俄罗斯引进西方蜜蜂。西方蜜蜂的四大名种：意大利蜂、喀尼阿兰蜂、高加索蜂、欧洲黑蜂都在我国大量发展，总数群（约400万群）大大超过人工饲养和半人工饲养的中华蜜蜂（约200多万群），成为养蜂生产的主要品种。其中，以意大利蜜蜂数量最多，约300多万群。但是这些外来入侵者经过100多年的发展，在长江中下游山区，南部山区一直未能占领下来。西方蜂种在这些山区饲养，一方面受到胡蜂的严重捕杀，另一方面无法适应山区多变的生态环境，如果不加以保护，很难繁衍起来。

虽然在华北、东北及西北地区由于越冬期长，西方蜂种可以集中采蜜、传粉，逐渐取代当地的中华蜜蜂，但是，对于这些地区众多群落分散，开花期不整齐，或者在较冷的温度下开花的林木种类，西方蜂种就不能很好地适应并为它们传粉，使许多植物的繁育受到严重影响，丰富复杂的植被已逐渐被单一植被所代替。这种变化对我国整体生态体系是不利的。

在长江中下游山区，人们由于从经济利益考虑选择发展西方蜜蜂，使当地的中华蜜蜂迅速减少。然而西方蜜蜂在蜜源季节过后立即需要转地放养，不能长期留在山区，这样就使山区许多植物的授粉受到严重影响。

我们必须大力保护中华蜜蜂，一方面不断地提高其生产能力。使其成为蜜蜂生产中一个当家蜂种。另外，一方面在长江中下游地区建立保护区，如神农架林区、秦岭、太行山区、长白山区等，禁止西方蜂种进入，保护当地发展中华蜜蜂，有利于保护我国自然生态的平衡。中华蜜蜂是具有独特遗传基因的蜂种，如抗蜂螨、抗美洲幼虫腐臭病、采集零星蜜粉源植物、耐寒等，这种独特的遗传基因在将来新的品种选育中也是不可缺少的。保护中华蜜蜂也就是保护蜜蜂遗传基因的多样性。

三、中华蜜蜂当家良种

中华蜜蜂（chinese bee）原产中国的东方蜜蜂总称。学名 Apis cerana cerana Fabricius。是东方蜜蜂的指名亚种，简称中蜂。

1. 形态特征

蜂王体长14～19毫米，前翅长9.5～10.0毫米，头、胸、腹宽度比为95：116：125，体色有黑色和棕红色两种，全身覆盖黑色和深黄色混合短绒毛。雄蜂体长11～14毫米，前翅长10～12毫米，喙长2.31毫米。头、胸、腹宽度比112：140：129体色黑色或黑棕色，全身披灰色短绒毛。工蜂体长10～13毫米，前翅长7.5～9.0毫米，喙长4.5～5.6毫米。头、胸、腹宽度比96：101：106。体色变化较大：工蜂触角的柄节均黄色，但小盾片有黄、棕、黑三种颜色。处于高纬度及高山区中蜂腹部的背、腹板偏黑，低纬度和低山、平原区偏黄。全身被灰色短绒毛（图2－3）。

单眼　　翅　臭气腺出口

复眼

触角

口器

触角刷　前足　　中足　花粉篮　后足

图2－3　全身被绒毛覆盖的工蜂

2. 生物学特性

在自然界中，中蜂群常在树洞、阳坡土洞、坟窟、谷仓、墙洞中营造蜂窝，巢脾数量一般10张以上。脾的形状随周围的形状、环境而变化，如在宽阔的谷仓中营巢，巢脾呈扁狭长形，宽度可达100厘米以上，而垂直高度只有30厘米；在直立的空心树干中的营巢，巢脾呈长条形，高度可达100厘米以上，而宽度只有20～30厘米。巢脾平均总面积为17 102平方厘米，房孔数5万～7万个。工蜂房内径4.4～5.0毫米，雄蜂房内径5.1～5.7毫米，王台内径8.5～10.2毫米。组成蜂群的工蜂、雄蜂、蜂王3种个体的发育所需要天数见下表（表2－2）。

表2－2　中华蜜蜂个体发育表

类型	发育时间（天）			
	卵期	封盖幼虫期	封盖期（末龄幼虫、蛹）	羽化日期
蜂王	$3\frac{1}{3}$	5	$8\frac{1}{3}$	$16\frac{2}{3}$
工蜂	$3\frac{1}{3}$	5	11	$19\frac{1}{3}$

（续表）

类型	发育时间（天）			
	卵期	封盖 幼虫期	封盖期（末龄幼 虫、蛹）	羽化日期
雄蜂	$3\frac{1}{3}$	6	$12\frac{2}{3}$	$22\frac{1}{3}$

以上发育时间受气候条件的影响而产生一两天范围的波动。蜂王出房 4 天后出巢飞行和进行交配，这种活动主要在 13：00 ~ 15：00 时进行。每次出巢飞行持续时间平均为 7.5 分钟，婚飞持续时间平均为 20 分钟左右，连续交配次数为 1 ~ 3 次。蜂王停止婚飞后，受精囊的精子数在 115 万 ~ 368 万。出房 20 天之后未能交配的处女王，很难再进行婚飞，卵巢发育后只能产雄蜂卵。

蜂王交配成功后一般在尾部阴道口外能带回白色略呈橙色的雄蜂黏液腺的排出物。蜂王与雄蜂交配后两三天产卵。产卵量受外界气候和蜜源条件的影响，繁殖季节蜂王每日产卵量变化在 700 ~ 1 300 粒，夏季蜜粉源缺乏时，产卵量下降到每日 100 ~ 200 粒。一个中蜂蜂王能维持 1.5 ~ 3.5 千克蜂重的群势（2 万 ~ 4.5 万个工蜂）的正常生活。能维持一两年的正常产卵活动（图 2 - 4）。

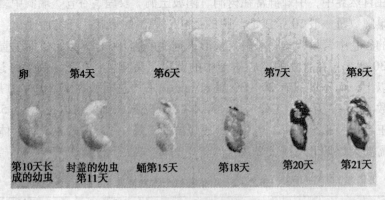

图 2 - 4　蜜蜂发育过程

雄蜂出房后 4 ~ 5 日龄开始试飞，10 日龄后性器官成熟，最佳交配日龄是 10 ~ 25 日龄，交配活动都在下午进行。一只雄蜂在同一天中可婚飞 3 ~ 4 次，每次约 45 分钟。每只雄蜂外射精子数为 400 万 ~ 725 万。雄蜂与蜂王发生交配后，由于生殖器官外翻脱落而导致死亡。工蜂出房后 3 ~ 4 天开始出巢试飞。大约在 20 日龄之内进行巢内活动，巢内活动方式与西方蜜蜂相似，但具有工蜂间频繁的清理活动，以及独特的抖动全身和摆腹节的动作。约 20 日龄之后成蜂出巢采集。采集活动每日持续 11～12 小时；在微雨、雾日和 7℃左右的低温天气也能出巢采集。当主要蜜源结束时，能利用零星分散的蜜粉源植物维持蜂群的生活。

采集工蜂在外面发现食物后，用圆形舞和摆尾舞传递信息的方式与西方蜜蜂相同，但表示的距离不同；中蜂采集蜂在 25 米之外就开始由圆形舞变为摆尾舞。正常的蜂群中，工蜂的卵巢不发育；在自然分蜂期，青年工蜂卵巢则开始发育，但不产卵。蜂群发生自然分蜂后，卵巢发育的工蜂其卵巢会自行消退。蜂群失王后，如蜂群内又无幼虫脾，3～5 天后，有一部分工蜂卵巢发育，并开始产卵；全群工蜂变得凶暴，攻击性强，体色黑而亮。已产卵的工蜂不能恢复正常的个体。正常生活的中蜂群，性温驯，不主动攻击人和畜；但刚进行活框蜂箱饲养的蜂群在人们开箱检查时，会出现骚乱现象。长期人工饲养的蜂群比较安定。

中蜂群每年春夏之际发生自然分蜂。自然分蜂前，巢内建造 7～12 个王台。当王台建好 1～2 天，在晴朗天气，老蜂王和约半数工蜂及少数雄蜂飞出原群，进行分蜂，并在原巢附近重新营建新巢。中国南方几个省区的中蜂群，常常秋季也发生自然分蜂。当外界蜜粉源植物缺乏或中蜂群受到病敌害严重干扰时，蜂群减少外出采集活动，减少或停止哺育活动，这时蜂群产生飞逃"情绪"，当受到蜂场其他蜂群的自然分蜂、试飞和其他飞逃群的影响时，会倾巢飞出与已飞出的蜂群合在一起；这时在蜂场短树杈上会出现几群或几十群聚集在一起的大蜂团，蜂团中各群的蜂王受到围攻致死。

在春夏间，中蜂群容易感染中蜂囊状幼虫病和欧洲幼虫腐臭病。在夏秋间，蜂房内容易受巢虫为害而引起大量蛹的死亡，此病又叫"白头蛹"。中蜂不感染美洲幼虫腐臭病，能抵抗瓦螨、热厉螨为害，能有效地抵抗胡蜂的侵害。当胡蜂侵害时，青年守卫蜂在巢门踏板前沿，排成一排，集体抖动全身并发出"嗤"声以向胡蜂"示威"。当工蜂体表有蜂螨附着时，除本身不断地摆动外，爬到巢门口，其他工蜂会用上颚将它身上的蜂螨咬起，抛到蜂箱外。在严寒的冬天，中蜂群能通过结成蜂团维持群内正常生活所需温度而顺利过冬。但结成蜂团后常把中间的巢脾咬成空洞，使完整的巢脾到了翌年春天成为带空洞的旧巢脾。

3. 分布和类型

中华蜜蜂分布在除新疆维吾尔自治区（以下称新疆）以外的全国各省

区，主要集中在长江流域和华南各省山区。主要类型有以下几种。

（1）东部中蜂

工蜂体长 11.0 ~ 12.5 毫米，喙长 5.0 ~ 5.3 毫米，前翅长 8.10 ~ 8.75 毫米，宽 3.0 ~ 3.1 毫米，腹部体色黑黄相间。巢房内径 4.7 ~ 4.9 毫米，蜂王在繁殖期日产卵量平均为 700 ~ 1 100 粒。能适应冬冷、夏热、蜜源种类多而零星分散的生态条件，能利用早春及晚秋蜜源；抵抗蜂螨及胡蜂能力强。该品种蜂群数量最多，也是目前饲养的主要中蜂蜂种。根据栖息地区的差异又可分华南型、华中型、云贵高原型、华北型和东北型。

（2）海南中蜂

工蜂体长 10 ~ 11 毫米，喙长 4.65 ~ 4.7 毫米，前翅长 7.79 ~ 7.92 毫米，宽 2.90 ~ 2.95 毫米，工蜂蜂房内径约 4.6 毫米，是个体最小的一个品种。工蜂的足及腹部呈黄色，小盾片黄色，腹节背板除冬季棕黑色外，其他季节以黄色斑为主。维持群势约 1.5 千克，分蜂性强，易发生迁徙。分布于广东、海南。

（3）阿坝中蜂

工蜂体长 12.0 ~ 13.5 毫米，喙长 5.3 ~ 5.6 毫米，前翅长 8.80 ~ 9.04 毫米，蜂房内径 4.9 ~ 5.1 毫米，是个体最大的一个品种。工蜂的足及腹部呈棕黑色，小盾片棕色，腹节背板除夏季有一部分黄斑外，其他季节以黑色为主。维持群势两三千克，分蜂性弱，极少发生迁徙，蜂王产卵趋势稳定。分布在西南部雅砻江、大渡河上游的四川省阿坝藏族羌族自治州、甘孜藏族自治州两地区。

（4）西藏中蜂

工蜂体长 11.0 ~ 12.0 毫米，喙长约 5.11 毫米，前翅长约 8.63 毫米，宽 3.07 毫米，体色灰黄色或灰黑色，腹部细长。分布于雅鲁藏布江的察隅河、西洛木河、苏斑里河、卡门河的河谷地段，以墨脱、察隅、错那等县较多。

4. 经济价值

西方蜂种未引进中国之前，中蜂是中国提供蜂蜜、蜂蜡等蜂产品的首要蜂种。西方蜜蜂的优良品种引入中国后，在温带地区及亚热带的平原区表现出高于中蜂的生产性能，因此，取代了当地的中蜂。但在亚热带、热带山区（如长江流域山区、华南各省区），由于气候冬冷夏热，雨天多，而且蜜源分散，同时胡蜂为害严重，西方蜜蜂不适应这种生态条件，生产性能的发挥受到限制。

而当地中蜂却适应这种条件，能够充分利用低温下开花的早春及晚秋蜜粉源植物，如柃属（*Eurya* spp.）、五加属（*Schefflera* spp.）、香薷属（*Elsholtzia* spp.）等，中蜂生产的冬蜜（八叶五加）、野桂花（柃）蜜等特种蜂蜜在中国及其他国家市场颇受欢迎。在山区，定地结合短途放养的活框饲养中蜂群，每群每年能收获 15~25 千克蜂蜜，且生产费用低，是农户的一种理想副业。

5. 在生态体系中的作用

自从在山东莱阳发现古新蜜蜂化石之后，证实演化至今的中华蜜蜂已有7 000 多万年的进化史。我国大部分植物群落的发育都留下中华蜜蜂的痕迹，如许多被子植物花管的长度与中华蜜蜂的吻总长相近。茶科、五茄科、紫苏科等植物都在秋季或者早春开花。这时气温较冷，而中华蜜蜂却能够出外采蜜传粉。

我国大部分地区属于季风型气候带，温度变化大，早晚温差大，中华蜜蜂非常适应这种气候环境。我国蜜粉源植物种类繁多但不集中，这种状况培育了中华蜜蜂能够利用零星蜜源的独有特性。此外，对森林中捕食性昆虫——胡蜂科、马蜂科和寄生性敌害的各类螨类等，中华蜜蜂在与其长期对抗适应中已具备很强的抵抗能力，因此，中华蜜蜂是我国自然生态体系中不可缺少的重要环节，具有非常重要的生态价值。

第二节 有趣的蜜蜂生理

一、蜜蜂是变温动物

蜜蜂身上没有羽毛，也没有皮毛，不具备保温的能力，它们的体温是随着气温变化而改变的，所以，称为变温动物。外界气温过高或过低，都会破坏蜜蜂的正常活动，时间长了，还能使蜜蜂死亡。一群蜜蜂和一只蜜蜂，对温度的适应能力，差别就更大了。

例如，有的地方，冬季气温常常降到零下 20℃，一大群蜜蜂可以安全度过漫长的冬眠期，可是一只蜜蜂，温度在 8℃ 就不会动了，蜂体还逐渐僵硬，好像死了一样，当温度回升到 10℃ 以上的时候，蜜蜂才能苏醒过来，又飞走了。僵硬的蜜蜂，如果体温下降到 2℃ 时间不超过 48 小时，用烤暖的办法，还可以救活。蜜蜂最适宜的飞翔温度是 20～25℃，超过 38℃时飞行的能力又大大地减弱。

二、信息素奥秘

在同种蜜蜂的不同个体间能起通信联络作用的化学物质叫信息素。蜜蜂是过着群体生活的社会性昆虫。蜜蜂的一些腺体能向体外分泌多种信息素，在蜂群的各种活动中起着通信联络和相互制约的作用。

已知的蜂蜜信息素有蜂王信息素、引导信息素、示踪信息素和告警信息素等。蜂王信息素包括上颚腺信息素，腹板腺信息素和跗节腺信息素等。蜂王上颚腺分泌的信息素也叫蜂王物质，当工蜂饲喂蜂王时，通过口器接触，蜂王将这种物质传给工蜂，再经过工蜂的相互传递，把蜂王的信息传给全体工蜂，影响整群工蜂的活动和某些生理过程（图 2-5）。

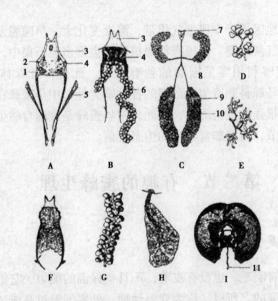

图 2-5 蜜蜂头胸部的腺体（Seodgrass R. E.，1956）

A. 口片表面：示王浆腺开口 　B. 口片后面观：示王浆腺 　C. 唾腺

D. 局部头唾腺 　E. 局部胸唾腺 　F. 雄蜂口片 　G. 局部王浆腺

H. 王浆腺小体 　I. 工蜂头部后面观：示头唾腺在头内的位置

1. 味觉器官 　2. 王浆腺管开口 　3. 舌唾叶 　4. 口片 　5. 肌肉

6. 王浆腺 　7. 唾窦 　8. 头唾腺 　9. 贮液囊 　10. 胸唾腺 　11. 唾管

　　人们按这种信息素的传递方式又把它们称为"口授信息素"。蜂王的存在是保持蜂群稳定，并使各种活动井然有序的决定因素。蜂王腹板腺分泌的信息素，具有吸引工蜂，抑制工蜂卵巢发育和稳定蜂群的作用。蜂王附节腺分泌的示踪信息素，是通过足垫把这种信息来散布在蜂巢表面，这是显示蜂王存在的又一信息。

　　另外，王浆酸也是一种"口授信息素"工蜂将蜂王浆喂饲给蜂王，其中的王浆酸起着刺激蜂王卵巢发育和代谢的作用。

　　引导信息素：工蜂腹部末端纳氏腺（又叫臭腺）所分泌的一种物质。在蜜蜂的结团、采集等活动中起着导引作用。如在自然分蜂时，先到达新巢址的工蜂翘腹振翅，释放引导信息素以引导其他蜜蜂飞入新巢。当处女王蜂将出巢婚飞交配时，一些工蜂便在蜂巢出入口振翅释放引导信息素，引导蜂王出巢婚飞并充当回巢时的向导（图2-6）。

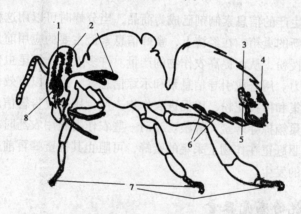

图2-6　工蜂的腺系统（仿 Winston M. L.，1991）
1. 王浆腺　2. 唾腺　3. 毒腺　4. 臭腺　5. 副腺
6. 蜡腺　7. 跗节腺　8. 上颚腺

　　示踪信息素：蜂王除能通过附节腺分泌示踪信息素外，工蜂也能释放示踪信息素。

　　蜜蜂在花间采集时留下的气味有助于其他蜜蜂飞落采集。当蜜蜂采完花朵里的蜜汁后也留下一些化学物质作为标记"示意"告诉其他蜜蜂不要再来。工蜂分泌的示踪信息素可以帮助外出返巢的蜜蜂找到蜂巢入口，进入巢内。

　　告警信息素：蜜蜂受侵扰时释放的化学物质，一种是螫腺分泌的告警信息素，当蜜蜂奋起"自卫"并招引其他蜜蜂也攻击同一目标时常释放这种信息素。不过，这些物质在蜂群存在的时间不长，一旦危险消失，"警报"也随之解除。另一种是工蜂上颚腺分泌的告警信息素。当工蜂利用颚刺进攻时，常用上颚咬住"敌人"，并将一些化学物质留在其身上，以引导其他蜜蜂前去进攻。

蜜蜂是重要的经济昆虫，对蜜蜂信息素的发现和深入研究，可以揭示蜜蜂社会的许多秘密，不仅具有重要科学意义，同时也为发展养蜂业提供某些科学根据和新技术，有着广泛的应用前景。

例如，以人工合成的性外激素可以提高婚飞交配率，用人工合成的蜂王信息素稳定和扩大蜂群，可以刺激工蜂更积极地"工作"，使修造巢房、饲育蜂子、采集食物、酿制蜂蜜等活动更有成效。在转移和运输蜂箱过程中，用蜂王信息素稳定蜂群，可以防止因惊扰或失去蜂王而造成的蜂群飞散和逃离。

有些国家生产的信息素制剂已成为商品，当分蜂时可以用这种制剂将飞散的蜜蜂引进新的巢箱。在经济上，蜜蜂信息素最主要的应用前景在于促进蜜蜂为农作物授粉，从而提高农作物的产量。许多农作物需昆虫传粉，但对蜜蜂缺乏吸引力。用合成引导信息素和示踪信息素，则可以有效引诱蜜蜂到这些作物上采集和传授花粉，以促进农作物丰产。用合成告警信息素可以阻止外来蜂侵入巢箱掠夺蜂蜜、蜂粮。当对一些农作物施用农药时，可以用合成告警信息素驱赶正在作物上采集的蜜蜂，可阻止其他蜜蜂再前来，以避免蜜蜂中毒现象的发生。

三、敏锐的感觉器官

蜜蜂的感受器官由外胚层形成的不同感觉器组成，分布于体躯一定部位：视觉器、触觉器、味觉器（化学物质感觉器）、听觉器（机械力感觉器）、嗅觉器。感觉器官可以接收来自体内外的信息。信息可通过神经系统或在内分泌系统的协同下，完成特定的功能。

1. 视觉器

视觉器是由1对复眼和3个单眼组成。复眼分别位于头上部两侧，单眼是三角形，分布于头顶和复眼之间的额区。

复眼，由若干数目感觉单位（小眼）构成。复眼中的每只小眼则是由8个感光细胞所组成，并作辐射状排列。蜜蜂利用这些小眼来感受太阳偏振光，并据此来确定飞行的方向。

工蜂的每只复眼约有 5 000 只小眼，蜂王约有 4 000 只小眼，雄蜂约有 8 000 只小眼，小眼外观呈六角形小眼面，由外表的屈光器和下面的感觉器组成（图 2-7）。

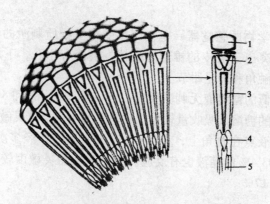

图 2-7 蜜蜂复眼结构（引自《BIOLOGY》）-the Unity and Diversity of Life，EIGHTH EDITION
1. 小眼横切面 2. 晶锥 3. 视杆 4. 底膜 5. 神经

视觉中枢接到来自网膜的神经冲动并经过加工处理后，简单复制这些冲动，从而使蜜蜂产生视觉。蜜蜂复眼不能调焦距不能把目光对准它所看到的物体，只能看到大约只有 1 米左右远的物体。

单眼，屈光器为一双凸角膜，下面有一层角膜细胞，其下的感光器为一群圆柱状视觉细胞组成的视网膜，外围具有色素细胞。

蜜蜂的视觉类型有偏振光视觉、颜色视觉、形状视觉和单眼视觉。

蜜蜂的复眼具有检测天空中偏振光的能力，并能利用紫外光，这是人和高等动物所不及的，也是其他昆虫不能比拟的。

2. 触觉器

蜜蜂通过表皮上的各种感受器与外界环境接触。体表的真皮细胞特化成感受器。

蜜蜂体表的许多毛是毛形感受器，是最简单的感受器官，它们基本上是刚毛，由一圈非常薄的皮膜与表皮相连，刚毛基部连着神经细胞，由下面的轴突连到中央神经系统。

毛型感觉器又可分为：①状态感受器，当毛受到压力时，一个神经发出冲动在毛弹回时，另一个神经再发生冲动；②强度感受器，在毛受到压迫时，它可发出一连串连续的冲动；③重力感受器，它分布于足关节和其他关节上，可使蜜蜂感受到它在空间与重力的相对位置。

3. 味觉器

味觉器（化学物质感觉器）是专门感受化学物质刺激的器官，蜜蜂的主要味觉器官是突出于表皮的锥形感受器，表面有小孔，下端有三四条神经，位于口器、触角和前足跗节上。

它们对浓度低的糖溶液无刺激反应，但可分辨出4%和5%的不同糖浓度。对浓度较高的糖溶液吸收量较大。触角上的味觉器其灵敏度高于口器味觉器，若将糖溶液点在触角上，在1.4%时即有反应。经多次训练的蜜蜂，触角对低至0.003 4%的糖液也有反应。前足味觉器灵敏度较差，检测糖浓度的最低阈值为17%。

4. 听觉器

听觉器（机械力感觉器）它可以接收声波的信息。声音的传递是通过空气或物体（或两者并用）进行的，根据传递媒介的不同，蜜蜂接收声音的器官也不同。蜜蜂的听觉器及其功能有两种。

膝下器，位于蜜蜂3对足的胫节关节处，内含48～62个感受细胞，是接收通过物体传递声波的感受器。蜜蜂膝下器所接收的声波频率范围为1 000～3 000赫，最大振幅为2 500赫。

当蜂王"歌唱"时，胸部紧贴近巢脾，巢脾传递的声波被蜂群内工蜂的膝下器所接收，而产生一定反应。即当蜂王"歌唱"时，工蜂均停止活动。

毛感觉器，是接收由空气传递声波的感受器。位于头部复眼及后头间。毛呈弧状弯曲，长度为600～700微米，毛的表面两侧具刚毛状突起，自端部至基部刚毛渐减少，但个体增大。当声波振动使毛倾斜时才产生振动脉冲，此时毛才具有感官的作用。

声音的强度影响接收器产生脉冲的数量，如在70分贝时，接收器的反应是一个脉冲，而83分贝时为3～5个脉冲。

蜜蜂具有很高的接收由气体传递声波的能力，只要声音的强度能达到86分贝时，1米内的蜜蜂均可感受到，75分贝时，0.5米内蜜蜂都可感受到。

根据蜜蜂发出的声波，其传递、接收的范围及蜂群的反应等，可用电子仪器模拟蜜蜂所发出的各种声音。当电子仪器所产生的声波及振动被蜂群接收时，可产生通信联系，蜜蜂将迅速飞向蜜源植物，特别在气候变化不利于授粉时，这种方法在增加授粉率方面颇有价值。

模拟蜂王"歌唱"韵律，可使蜂群暂时停止活动，以利于蜂群管理，这些实验说明，深入研究及利用蜂群发出的各种声音，会在生产实践中发挥其应有的作用。

5. 嗅觉器官

蜜蜂的嗅觉器官，它能感知外界某些物质气体分子。嗅觉器官受到散发于空气中有气味物质微粒的刺激，通过神经传入脑，引起嗅觉。

例如，雄蜂在飞翔中，嗅到处女王上颚腺分泌的蜂王信息素，就被诱使去追逐，分蜂时，蜜蜂嗅到蜂王信息素的气味，就向蜂王落足的地方聚集，结团。

工蜂臭腺的分泌物可以引导蜜蜂返回蜂巢或找到采食点。工蜂上颚腺分泌的蜂王信息素和工蜂分泌的报警信息素，可使同群蜜蜂得到报警信息。

嗅觉器官分布于蜜蜂触角的鞭节上，蜂王和工蜂触角既是嗅觉器官，同时也是极重要的触觉器官。

蜜蜂在蜂巢内的黑暗处触及有气味的巢脾巢房或幼虫时，通过触角表面的触觉器官和嗅觉器官，把获得的触觉和嗅觉联系在一起，使物体的形状和相应的气味建立起密切的关系。

结果，蜜蜂就能够"形象"地嗅到外物。对蜜蜂来说，六角形巢房的蜡气味和圆球形蜡团的气味是不同的。蜜蜂在黑暗的蜂巢里从事各项活动，主要是依靠触觉和嗅觉两者密切的联系。

四、发达的脑神经

蜜蜂的脑神经只有人脑的两万分之一，但它的神奇生理功能和智慧让人叹为观止、望而生畏。它是由中枢神经、交感神经、周缘神经和遍布全身的感觉器官所组成，其作用是支配蜜蜂体内各器官与组织的协调一致，以便适应不断变化的自然环境（图 2-8，图 2-9）。

中枢神经由脑和腹神经索组成，支配着全身的感觉器官和运动中枢。脑位于头部食管背面，又称食管上神经节，可分为前脑、中脑和后脑。前脑最大，分前脑叶和视叶两部分，前脑叶分出神经通入单眼，视叶分出神经通入复眼，因此，前脑是支配视觉的中心。中脑位于前脑之下，成对的中脑叶有神经通至触角，是支配触角的中心。后脑发出的神经通至额及上唇。

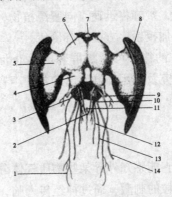

图 2 - 8 工蜂头部主要神经节

(仿 Seodgress R. E., 1993)

1. 上颚神经 2. 额神经节 3. 食管下神经节 4. 中脑 5. 视叶 6. 前
脑 7. 单眼 8. 复眼 9. 触角神经 10. 额神经索 11. 回神经

图 2 - 9 蜜蜂的神经系统

(仿 Seodgress R. E., 1993)

1 ~ 7. 第一至第七神经节 8. 视叶 9. 触角神经 10. 单眼 11. 脑
12. 前翅神经

三型蜂脑的发达程度不一，工蜂最发达，雄蜂次之，蜂王最差，雄蜂脑的视叶特别发达，有利于完成复杂的婚飞。腹神经索位于消化道的腹面，由一系列神经节组成。前端是位于头内食管腹面的食管下神经节，发出的神经分别伸入口器各部和颈部肌肉等处。位于胸部和腹部的一连串神经节，由两根神经索相连，每一神经节的侧面，各发出 2～3 根侧神经，通达本体节的有关部位。蜜蜂的胸部只能看到两个发达的神经节，腹部可见 5 个神经节，最后一个神经节也是复合神经节，它的神经分布于本节及其后体节，生殖器官及后肠等处。

交感神经又称内脏神经，主要由位于前肠背面和侧面的许多小型神经节所发出的神经组成，它们最前端有一个位于脑前食管背面的额神经节，这个神经节内一对额神经索和后脑叶相连，并向后通过脑下，沿前肠背中线伸出回神经。

后头神经节发出的神经伸到心侧体和咽侧体，控制内分泌腺体的活动。因此，交感神经是支配内脏正常新陈代谢的反射中心。外周神经，包括除去中枢神经和神经节以外的分布全身的所有感觉神经纤维（传入神经纤维），运动神经纤维（传出神经纤维），以及它们连接的感觉器和反应器，是一个极其复杂的传导网络。

上述三组神经是互相联系的统一体。支配着蜜蜂的所有生理功能和全部的生命活动。

五、奇特的心腔和血淋巴

人和脊椎动物输送血液和淋巴液的是一套封闭的管道系统，叫循环系统。而蜜蜂却是开放式的循环系统，血液除通过背血管外，均直接流到体腔内各部分组织中。背血管后端封闭，分成后部心脏和前部动脉两部分，前端开口于头腔脑下（图 2－10）。

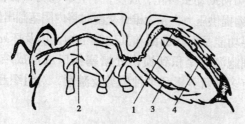

图 2－10 蜜蜂血液循环路径
1. 心室 2. 动脉 3. 腹隔 4. 背隔

心脏是循环系统的搏动机构，由 5 个心室组成，每个心室两侧都有一对心门，是血液的入口处，其边缘向内褶入，形成具有阀门作用的心门瓣，防止进入心室的血液倒流，心脏的肌肉壁有节奏地搏动，驱使血液向前流动。动脉仅是引导血液向前流动的简单血管，从心脏的第一心室开始，向前延伸伸入头部。背隔肌有节奏地收缩，使背隔向朝前的方向搏动，有协助心脏驱动血流的作用。

淡黄色的新鲜血液从位于头部的背血管口喷出，直接在体腔中流动，把内脏器官都浸在血液里，将养分输送给各器官组织。同时又将各器官组织的代谢废物输送到排泄器官，然后，血液又流回到背血管后部的心门进入心室。蜜蜂因具有开放式的血液循环系统，所以血淋巴仅能在心脏和背血管内运行，在身体其他部位，则在血管外全部流经体腔所有的器官和组织。

从生理上看，蜜蜂血淋巴与高等动物的血液还有所不同：①无输氧功能。②血糖含量较高，并富含有机质、无机盐和各种酶素。

蜜蜂的血淋巴呈淡黄色液体，比重 1.045，微酸性 pH 值在 6.39～6.70。血淋巴由血浆及血细胞组成。血浆约占血淋巴含量的 97.5%，能溶解微量的氧，但无携氧功能。血浆中的含氮化合物包括：蛋白氮，非蛋白氮（氨基酸类）和蛋白质代谢产物（尿液、尿素及氨等）。

血浆中始终存在着糖。蜜蜂不能用身体中或所食花粉中含的蛋白质和脂肪作为能源，运动时所需的能量全靠碳水化合物，所以，蜜蜂必须不断补充机体所需的碳水化合物。

血浆中的无机盐由钠、钾、钙、镁、锰、铁、铜及氨等组成。通常以氧化物、硫酸盐、硝酸盐及磷酸盐等形式存在。血细胞大部分附着于各种内部器官的表面，小部分悬浮于血浆中，由中胚层壁的部分细胞演化而来。

血淋巴作为一种循环的体液，其主要功能包括：①输送营养物质，运走代谢废物；②以其压力协助幼虫孵化，脱皮，羽化；③为口器伸展，新羽化成虫翅的展开和腹部伸缩提供压力；④为雄蜂交配时将内阴茎翻出体外提供动力。

血细胞的主要功能是吞噬细菌和其他微生物，以及坏死细胞组织。身体组织损伤时，血细胞游动聚积到损伤处堵塞伤口或形成结缔组织以愈合伤口。血细胞内含有多种营养素和多种酶类及激素，对组织起营养细胞和运送激素的作用。

六、靠 20 个气门呼吸

与外界空气进行气体交换的一组器官叫呼吸系统。蜜蜂将空气中的氧气直接经由不同直径的管道，送到需要氧气的器官和组织，其呼吸系统由气门、气管、气囊和微气管构成。蜜蜂和大多数昆虫一样身体每侧有 10 个气门。第 1 对气门最大，在前胸和中胸之间，隐藏在前胸背板的侧叶下面，并有稠密的长毛保护（图 2-11）。

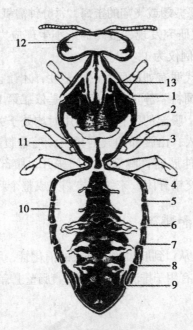

图 2-11　蜜蜂呼吸系统

（仿 Snodgrass R. E.，1993）

1~9. 第 1 至第 9 对气门　10. 腹部气囊

11. 胸部气囊　12. 头部气囊

第 2 对气门很小，位于中胸和后胸侧板上角之间，被侧板遮盖，不易看到。

第 3 对气门露在胸腹节的侧板上，第 4 至第 9 对气门位于腹部前 6 节背板的下缘。最后一对气门隐藏在蜇针基部。除第 2 对气门外，其他气门都具有关闭装置，防止吸入的空气漏出或控制空气在气管中流动。气管的内壁肌肉呈螺旋形，有一定硬度，以保持空气畅通。气管成对地在体内呈分枝状分布。气管的某些部位扩展成薄壁气囊，可随着体壁的扩张和收缩而扩大和缩小。微气管末端充满液体，能从气管进来的空气中吸收氧气。

细胞的代谢活动，使微气管内含氧的饱和液体通过管壁和细胞壁进入细胞内；当细胞代谢活动减弱时，液体又回流到微气管内重新吸收氧气。细胞代谢产生的二氧化碳不导入微气管，大部分排入周围的血淋巴中，然后再通过气管或体壁的薄膜柔软部分扩散出去。

蜜蜂的呼吸，即它们的需氧量与活动状态有密切关系。在18℃，一只静止的蜜蜂，每分钟约需氧8立方毫米；一只运动着的蜜蜂，每分钟需氧36立方毫米，而一只被激怒振翅或飞翔的蜜蜂，每分钟需氧可达520立方毫米。

B. B. 阿尔帕托夫研究发现，蜜蜂的最小生理应力与最大生理应力之比为1∶140，而人的比例仅为1∶10。

正因为蜜蜂新陈代谢有如此巨大的可塑性，才让它们能够在一些特殊情况下十分节约氧气和饲料。静止的蜜蜂主要是依靠第1对气门的开合来进行呼吸，为了节约能量，腹部的所有气门不用时均处于关闭状态。飞翔时，空气通过第一对气门吸入，由腹部的气门排出，随着腹部有节奏地胀缩运动，来使气门开合。腹部伸展时，胸部的气门张开，腹部气门关闭。腹部收缩时，情况相反，彼此交错开闭，来统一协调完成整个呼吸过程。

七、如何消化和排泄

蜜蜂的消化系统是从口到肛门的一条长的消化管，可分前肠、中肠和后肠三部分，中后肠分界处有用于排泄的马氏管，直肠壁上有直肠腺（图2－12）。

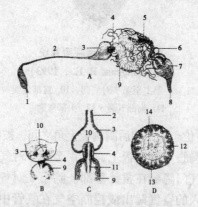

图2－12　工蜂消化系统（仿 Snodgrass R. E.，1993）

A. 消化道　B. 蜜囊内部：示前胃瓣　C. 蜜囊前胃和中肠的纵切面

D. 中肠横切面

1. 口　2. 食管　3. 蜜囊　4. 前胃　5. 马氏管　6. 小肠　7. 直肠

8. 肛门　9. 中肠　10. 前胃瓣　11. 贲门瓣　12. 中肠上皮细胞

13. 围食膜　14. 中肠内食物

　　前肠由咽、食道、蜜囊和前胃组成。咽紧接口器下方，膨大为食窦，食窦壁上有发达的肌纤维交叉环绕，肌肉的伸缩适于吮吸和反吐液体食物，起到抽吸泵的作用。

　　咽后连接细长的食道，食道后段迂回通过颈和胸部，并与腹部前端的蜜囊连接，蜜囊是携带花蜜用的。蜜囊下接短而窄的前胃，前胃是食物进入中胸的调节器，前胃的前端突起伸入蜜囊中，其端部形成裂口的肉唇，有4个三角形唇瓣控制开合。

　　前胃的后端形成一个长漏斗形的活动瓣膜内，当唇瓣紧闭时，迫使花蜜进入中肠，而贮藏在蜜囊内，并能通过蜜囊的收缩把食物吐回口腔，当唇瓣开放时，食物便可从蜜囊进入中肠，蜜囊的收缩性很大。

　　意大利蜂工蜂蜜囊的平常容积是14～18微升，吸满蜜汁时，其容积可扩大至55～60微升；中蜂工蜂蜜囊的容量可扩大至约40微升；而蜂王和雄蜂的蜜囊不发达。

　　中肠又称胃，是蜜蜂消化食物和吸收养分的主要器官，中肠位于腹腔前中部，呈"S"形，肠壁肌肉发达，呈环状皱褶，不但大大增加肠壁内消化和吸收的面积，还有膨胀余地，肠壁内有腺细胞，能分泌消化液，可促进食物的分解。

　　消化后的养分由肠壁吸收，直接送入周围的血液中，运送到身体各器官组织。中肠后端收缩，其开口进入后肠。蜜蜂幼虫的中肠，容量很大，呈一盲囊，与后肠不相通，直到幼虫期结束时才与后肠相通。

　　后肠由小肠与大肠构成，小肠是弯曲环绕的狭长管子，在中肠未被消化的食物，经小肠继续消化和吸收，最后进入大肠。大肠也称直肠，是具有发达肌肉层的囊袋，能扩大容积，所有未消化的废物都经过大肠吸收水分后从肛门排出体外。直肠腺，在大肠基部的肠壁上环生着6条直肠腺，能吸收粪便中过多的水分，其分泌物能防止粪便腐败。蜜蜂在不良的环境条件下，如越冬期，可以较长时间不进行排便，但对机体无害。蜜蜂的排泄物，主要是食物残渣和代谢废物，如尿酸和尿酸盐类等。通过排泄器官排出体外。

　　蜜蜂主要排泄器官是马氏管，在大肠、中肠和小肠的连接处约有100条细长的盲管马氏管。这些管彼此互相交错盘曲，深入腹腔的各个部位，并且浸浴在血液中。

　　由于管壁上分布着螺旋状的条纹肌纤维，这些纤维的收缩可引起马氏管的扭动，使之与更多的血液相接触，以扩大吸收面积。马氏管可以从血液中分离出尿酸和尿酸盐类，并将其送入大肠，混入粪便中排出体外（图2–13）。

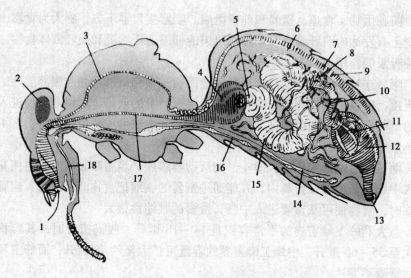

图 2 - 13 工蜂的纵切面

1. 口；2. 脑；3. 动脉；4. 蜜囊；5. 前胃；6. 背膈；7. 心脏；8. 马氏管；9. 心门；10. 小肠；11. 直肠腺；12. 直肠（大肠）；13. 肛门；14. 腹膈；15. 中肠（胃）；16. 神经索；17. 食管；18. 唾液管；19. 前胃嘴；20. 前胃瓣

八、奇异的生殖系统

蜜蜂的生殖系统（reproductive system）包括生殖腺和一系列附属器官。蜜蜂的生殖系统，几乎完全包在体内。蜂王和雄蜂是生殖器官发育完全的个体；工蜂的生殖器官大为缩小，在正常情况下不能产卵（图 2 - 14）。

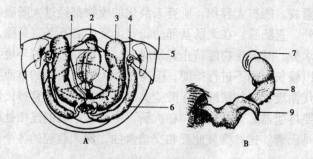

图 2 - 14 雄性的生殖系统（仿 Winston M. L. ，1987）

A. 腹腔中的雄蜂生殖器官　B. 外翻的阳茎

1. 射精管　2.8. 阳茎　3. 附腺　4. 输精管　5. 睾丸　6. 贮精囊　7. 精液　9. 角囊

　　雄性生殖系统由一对睾丸、两条输精管、一对贮精囊、一对黏液腺、一条射精管和阴茎组成。睾丸位于腹腔两侧的一对扁平扇体状体，内部有很多小的精管，精子就在精管里产生和成熟。睾丸的后部连着一段细小扭曲的输精管通入长管状的贮精囊，贮精囊和膨大的黏液腺并列，并以其窄小的后端通入黏液腺的基部。左右成对的黏液腺，基部连接在一起，中间有一个共同的开口与细长的射精管相连接，射精管直通阴茎。雄蜂的阴茎平时是在腹腔内，所以，称为内阳具，外翻的阴茎可分为球状部、颈状部和阴茎囊三部分。

　　雄蜂的睾丸，在幼虫期只有原基；到蛹期充分发育，位于蛹腹的中部；成对的睾丸分别由皮膜包裹，内有无数条睾丸管，管内产生精子。雄蜂是单倍体，精子在发育过程中不需要进行减数分裂。精原细胞经过多次分裂繁殖，形成一大群圆形的精母细胞，再发育长出尾，形成初级精子细胞，最后成为有长尾的细圆柱形的精子。雄蜂发育成熟羽化出房时，精子通过输精管进入贮精囊，暂时贮在其中，并把头部埋在贮精囊柔软的细胞壁内。

　　雌性生殖系统由卵巢、输卵管、受精囊、附性腺和外生殖器组成。蜂王腹内有两个巨大的梨形卵巢，每个卵巢由100~150多条卵巢管紧密地聚集在一起形成。每条卵巢管由一连串的卵室和滋养细胞室相间组成。卵就在卵室内发育，成熟的卵在卵基部汇入侧输卵管，两侧输卵管再汇合为中输卵管。中输卵管的后端膨大为阴道。阴道口位于螯针基部下方，两侧还有一对侧交配囊的开口。阴道背面有一圆球状的受精囊，是蜂王接收和贮精子的特殊器官，受精囊与阴道之间有相通的受精囊管，此外，受精囊上还有一对受精囊腺，汇合后与受精囊管的顶端相连。工蜂的生殖器已显著退化，卵巢仅具有3~8条卵巢管，受精囊仅存痕迹，其他附属器官也已退化，失去正常的交配和生殖机能（图2-15）。

　　蜂王的卵巢中，每条卵巢管内部都有原始雌性生殖细胞，卵原细胞。这些细胞在管内向下移动过程中，增殖和分化成个体较大的卵母细胞，然后成为卵子和另一种较小的滋卵细胞。较老的卵子，每个都伴随着一团滋卵细胞，体积逐渐增大。剖开卵巢管，就可看到一连串交替间隔着的卵室和滋卵细胞吸收，并由卵室壁（卵泡囊）分泌一个卵壳，将卵包裹。

　　成熟的卵通过侧输卵管、中输卵管到达生殖道（阴道）。阴道与受精囊相连，受精囊贮着与雄蜂交配时得到的精子。卵的前端有一个接纳精子的微孔，即卵孔。在卵到达阴道时，蜂王借助某种调节机制，把精子排在一些卵上，使卵受精；对另一些卵则不排精子。产到巢房里的蜜蜂的卵，不论受精

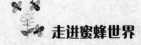

与否，都能发育成长。

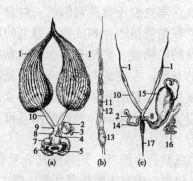

图2-15 雌蜂生殖器官（仿Snodgrass）

（a）蜂王的生殖器官；（b）单条卵巢管；

（c）工蜂生殖器官附蜇刺及有关腺体

1. 卵巢；2. 受精囊；3. 受精囊腺；4. 受精囊管；5. 侧交配囊口；6. 阴道口；7. 侧交配囊；8. 阴道；9. 中输卵管；10. 侧输卵管；11. 滋养细胞室；12. 卵室；13. 卵；14. 碱腺；15. 毒囊；16. 毒腺；17. 蜇针

第三节　和谐的蜜蜂群体

一、蜂群是一个完整的有机体

　　一直以来，蜜蜂都被定义是一个在蜂王领导下的社会性昆虫。但通过对蜜蜂行为生理和现代生物科学的深入探讨，我们认为，应该把一个蜂群看成是一个建立在信息网络基础上，能自觉组织并存在于复杂调节系统中的一个有机整体似乎更为合适。这个整体而且和大自然处于对立统一之中。也有专家把蜜蜂群说成是一个由多个"超个体"组成的"荣誉哺乳动物"，犹如一个有机的人体。其理由是在蜜蜂身上有着不少哺乳动物优越性的特征。在传统认识中，蜜蜂是以昆虫的身份和现有的生命方式存在于地球上。

　　但到了19世纪，养蜂家约翰尼斯·梅林（1845—1878）却把蜜蜂冠以了脊椎动物的"身份"。他把工蜂比作维持生命，完成消化、吸收、排泄等新陈代谢所必需的身体器官，而把蜂王和雄蜂分别比作为雌性和雄性生殖器官。1911年，美国生物学家威廉·莫顿·惠勒（1865—1937）更把一只蜜蜂这种特殊的生命形式命名为超个体。数万个超个体组成为蜜蜂群体。如此看来，这样的群体不仅相当于哺乳动物，更好似于一个完整的人体。看起来似乎有些牵强附会，但这并非瞎想，如果从蜜蜂的系统发育和它功能进化特征的前后关系上看，就会发现不少特征其实都是哺乳动物的创新进化形式。

总之，通过对蜜蜂解剖、生理、遗传、繁殖、生物物理、生物化学等学科的深入研究，就能让我们更加充分认识到从简单生命到复杂生命形式的自然选择法则。物竞天择，适者生存。为此，我们应该彻底改变蜜蜂作为神人同形同性论的自我牺牲个体的观念，重新审视一个蜂群就会不断发现许多有趣的故事（图2－16）。

图 2 - 16　和谐、团结的大家庭

二、住最环保的蜂巢

蜂巢是蜂群赖以生存和繁衍的家园，它除了供蜂王"生儿育女"，还让工蜂酿蜜，存放花粉、蜂蜜和蜂王浆。蜂巢包括由人工制作的蜂箱、巢框、蜡制巢础和蜜蜂自行制作的巢脾。巢脾形似脾，两侧布满密密麻麻的巢房。巢脾上的巢孔基本是清一色的正六边形棱柱体工蜂房，只有个别巢脾的边角部位有少量稍大一点儿的雄蜂房。蜂王台则属于临时建筑，分蜂季节才会出现几个蜂王台。3种巢房组合成漂亮整齐的蜜蜂"住宅"。蜜蜂休息时往往趴在巢房口上面，每只蜜蜂约占两个半巢房的空间。马克思在《资本论》中写道"在蜂房的建筑上（图2－17），蜜蜂的本领使许多以建筑为业的人感到惭愧……"

18世纪初，法国学者马拉尔其曾经测量过蜂巢的尺寸，得到一组非常有趣的数据，组成底盘的菱形的钝角均等于109°28′，锐角则等于70°32′，后来经过法国数学家克尼格和苏格兰数学家马克洛林从理论上计算，要用最少的材料制成底面积最大的菱形容器，它的角度应是 109°28′和 70°32′，对比一下竟和蜂巢分毫不差，这真是让人称奇道绝（图 2 – 18）。

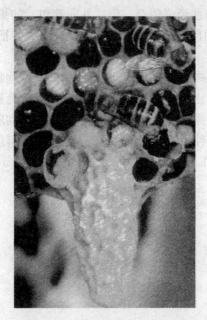

图 2 – 17 培育蜂王的成熟王台

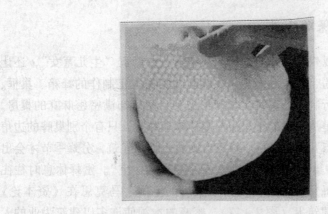

图 2 – 18 新造的巢脾

三、吃最新鲜的食物

动物也同人类一样，有偏爱某种食物的有趣现象，只不过每个人的性趣爱好有很大的选择余地，而各种动物吃什么或不吃什么则受自然条件的严格限制。许多昆虫，如蜜蜂等是素食的，而有些昆虫，如大马蜂等却是肉食的。但不论人类和各种动物，基本上都需要相同的营养物质：糖、脂肪、蛋白质、矿物质、维生素、水、纤维素，只不过是以不同的方式获得而已。在我们的食物中所含有脂肪和糖，用以作为生命活动的燃料，是肌肉提供动力的源泉，就像汽车为了能够行驶，必须要有汽油一样。

但人并不是非要直接吃糖，面包、大米饭或马铃薯就含有身体所需要的糖源，因为这些东西的主要成分是淀粉，从化学观点来看与糖类相似。事实上我们的消化器官可以将淀粉转化成糖。蛋白质、维生素、微量元素是人体必需的，因为人类和动物的身体大部分是由蛋白质组成，只有吃了含有蛋白质的食物，身体才能健康成长。蜜蜂同样需要这两类主要的营养物质，而奇怪的是，这两类营养物质，在这里恰好分成两类食品（图 2–19）。

图 2–19　蜜蜂吸食蜂蜜

一类是富含糖分而几乎没有蛋白质的蜂蜜，由蜂群中的采集蜂当作唯一的食粮加以搜集和运回巢中，供给蜜蜂自身所需要的热量和活动的原动力。另一类则是富含蛋白质的蜂花粉，它用来作为身体成长所不可缺少的组成材料。这两种东西都是蜜蜂在大自然花丛中采集来的。当蜜蜂勤奋地在花丛中忙碌的时候，就是在寻找花粉和花蜜。在冬天，蜜蜂也要填饱肚子，但这时候却再也没有花丛了，因此，它们必须在春、夏、秋、冬（指在南方）百花盛开的季节里，额外地储存蜂蜜准备严冬无法外出时食用。幼蜂的孵育则只好限制在盛花期进行，此时才有幼蜂身体成长所必需的丰富的蛋白质。冬天只留下供作食粮用的少量花粉。因职能的不同食粮也不一样（图 2–20）。

图 2 - 20　蜜蜂满采花粉而归

　　一群蜂通常是由 3 种职能不同的蜜蜂组成，即一只雌性器官发育健全的蜂王，它在蜂群中的唯一任务就是繁衍后代，所以，它终生吃的是极富营养的蜂王浆，所以，寿命可达 5 ~ 6 年。再就是人们平常所见到的雌性器官发育不健全的雌蜂，它的任务是完成整个蜂群除产卵以外的所有工作，因此，称为工蜂，工蜂幼时吃 3 天蜂王浆，4 日以后的大幼虫，工蜂改用花粉蜂蜜混合唾液进行喂养，以后则吃蜂蜜和蜂花粉，工蜂寿命仅为几个月，与蜂王相比差别巨大。第 3 种在蜂群繁殖期间，蜜粉源充足时才培育出来的少数雄蜂，它的任务是与蜂王交配，他只能享受蜂蜜和蜂花粉。

　　有趣的是个体间的食物是互相传递的，一个蜂群内任何一个饥饿的个体都可以从其他工蜂口中，得到食物。蜂群内的这种食物传递方式，为人类治疗蜜蜂的病害提供了方便，即把药物加在饲料中，每个成员都可得到治疗的药物。当食物缺乏时，最先死亡的是老龄和幼龄蜂，以后是壮龄蜂，最后留有王浆腺发达的青年蜂和蜂王，只有等到青年蜂都死光后蜂王才饿死（图 2 - 21）。

图 2 - 21　相互传递食物

四、同母异父的友爱家庭

　　一个蜜蜂王国，实际上就是一个"同母同父"或"同母异父"的大家庭，其关系非常特殊。从生物进化理论看，生物体更多的是倾向于繁殖自己的后代而没有必要放弃生育权去哺育自己的兄妹。因为，亲生子女与自己的基因相关度比兄妹与自己的基因相关度要高许多，为什么蜜蜂却是个例外呢？科学家发现，这是由蜜蜂独特的繁殖方式所决定的。蜜蜂的性别决定方式——单倍染色体性别决定的确很特别。通常蜂王经有性生殖（受精后的卵子）都是雌性的，这些雌性后代拥有两套染色体，又称双倍染色体，即和人类一样拥有雌雄两套染色体。而雄性蜜蜂却是由未受精的卵发育而来的，即无性生殖的结果，它们只有一套染色体（图2-11）。

　　正因为雄性蜜蜂只有一套染色体，它们产生的精子的性别构成才是单一的，与蜂王的卵子结合只能产生雌性后代。不像其他生物，由于雌性同时有雌雄两套染色体，因此，有性生殖产生的后代的雌雄比例为1：1。正是这种独特的性别决定方式决定了蜜蜂独特的家庭关系。

五、蜂群的自然分家

　　自然分蜂是蜂群的主要繁殖活动。长江以南多在每年春、秋季发生分蜂，而长江以北的蜂群只在春季发生一次分蜂。分蜂前，蜂王和工蜂在生理和行为上都会发生变化；已观察到有以下几点。

　　①有些工蜂追逐蜂王，把蜂王追逐到产卵圈之外，使蜂王难以产卵，蜂王产卵量一般下降50%以上。

　　②青年工蜂消极怠工。

　　③工蜂建造王台：在幼虫巢脾下部，工蜂建造5~10个王台（图2-22）。

图2-22　中华蜜蜂的分蜂团（杨冠煌供图）

④蜂王腹部缩小：蜂王几乎停止产卵，可见腹部收缩，行动变得敏捷。

⑤分蜂行为：分蜂是蜂群最激烈的行为，所有的个体都参加活动。当王台封盖1天之后，在10：00~12：00发生分蜂行为。据笔者观察中蜂群发生分蜂时的行为：开始只有少数工蜂在巢门发出嗡嗡声，并向内发散出蜂臭（招呼信息素），几分钟后，突然一大批工蜂蜂拥而出，蜂王夹在中间一起爬出巢门飞向空中。

分出群先在蜂场附近的树杈上结团。蜂团形成后，蜂王爬出分蜂团表面再进入团内，然后分蜂团停息1~2小时，这时蜂团静止不动，也没有嗡嗡声，蜂团表面出现工蜂舞蹈，圆形舞、摆尾舞都有。

不少观察者指出，这种舞蹈是蜂团的侦察蜂寻找新居之后回来发出的。然而在笔者的观察中发现，许多中蜂的分蜂团表面的舞蹈蜂指示的距离至少在0.5千米之外，而实际上分蜂团是进入蜂场内准备好的空蜂箱中的。因此，不能确定这些舞蹈蜂是新居址的侦察蜂。1~2小时后，蜂团重新起飞迁入新居中，分出群的群数约有原群的50%左右。分群发生后，分出蜂的工蜂立刻失去对原群方位的记忆。若把分出群放置在同一蜂场内，工蜂也不会飞回原群，而在新居造脾繁殖。

六、蜜蜂不轻易蜇人

蜜蜂会蜇人，这是大家都知道的，所以，很多人都害怕被蜜蜂蜇。其实，蜜蜂不到万不得已时是不会蜇人的，因为它蜇人以后，自己也会死去。蜜蜂在什么情况下才会蜇人呢（图2-23）？

图2-23 人和蜂的零接触

　　蜜蜂不喜欢黑色的东西和酒、葱、蒜等物品的特殊气味。所以，当养蜂人在管理蜂群时，如果穿着黑色衣服，身上带有酒、葱、蒜等物品的特殊气味接近蜂群时，就有挨蜇的危险。蜜蜂和其他很多生物一样，有自卫的本能，如果我们去扑打它，也有挨蜇的可能。

　　蜜蜂是用腹部末端的刺针蜇人的，它的刺针上长有一排排像鱼钩一样的小倒钩。当蜜蜂将刺针刺入人体的皮肤后，小倒钩就会牢牢地钩住皮肤，使整个蜇刺器官，连同分布在蜇器中的腹神经链的神经节、毒腺、毒囊等一起被留在皮肤内，毒囊中的毒液会注入皮肤内。所以，人被蜜蜂蜇刺后，皮肤就会立即红肿，而且感到非常疼痛。

　　更奇特的是，当蜜蜂蜇刺时，把刺针留在人的皮肤上飞走后，刺针器官上的神经节仍能活动，并使肌肉继续收缩，驱使刺针继续扎入皮肤的深处。这时毒囊中的毒液会继续注射出来，使皮肤的红肿和疼痛不断加剧。

　　因此，人被蜜蜂蜇后，应立即把刺针拔去，同时挤压伤口周围的皮肤，吸出注入的毒液，必要时还要进行药物处理。但是，由于蜜蜂将刺针蜇入人体的皮肤后，再拔出刺针时，由于小倒钩牢固地钩住了皮肤，所以，蜜蜂的刺针连同一部分内脏也一起脱落，这样蜜蜂当然就会死去。可当蜜蜂蜇到那种身上覆盖着硬质表皮的昆虫时，它可以从形成的破口中拔出刺针，而自己也就能免于一死。

第四节　精彩的蜜蜂王国

一、蜜蜂王国的"共产主义"

　　蜜蜂王国是由一个独裁统治的蜂王和成百上千只"好吃懒做"的雄蜂以及数千乃至数十万只勤劳可爱又会生产蜂产品的工蜂所组成的。蜂王是受精卵得到完全发育的雌蜂，是众蜂之母，专职产卵繁殖。由于从小到大终生享用营养非常丰富的蜂王浆，不仅寿命特长（可活 5～8 年），生殖能力也特别强。

　　工蜂如同蜂王一样，也是由受精卵发育而成的雌性蜜蜂，但由于幼虫阶段只吃 3 天的蜂王浆，其后一直吃蜂蜜和蜂花粉长大，生殖系统的发育远远比不上蜂王，只擅长做工，即我们通常所见到的在花丛中飞舞的蜜蜂。工蜂承担着蜜蜂王国里的绝大部分工作，并有着严密的组织和分工，充分体现了团结、勤奋、奉献的精神。

雄蜂是由未受精的卵细胞发育而成的典型雄性蜂，它们笨头笨脑，游手好闲。雄蜂生存的唯一价值就是寻找"处女"蜂王进行交配，繁殖下一代，无论是否有幸与蜂王交尾，它们都难免一死；就是有幸交配成功，也要被处女蜂王将其生殖器连根拔出活活痛死（图2-24）。

母蜂(蜂王)

雄蜂　　　　工蜂

图2-24　组成蜂群的三个个体

蜜蜂王国是一个典型的合作型母系社会，所有"公民"的等级和分工都格外明显。在这样的一个群居世界里，每个成员都在为蜜蜂王国兴旺发达而努力工作，它们各尽所能，各取所需，可以说，这是一个典型的"共产主义"社会。除了蜂王外，所有的工蜂都是利他主义者或者叫集体主义者。在生物界中，为了群居社会的利益，甘愿放弃生育权，甚至失去性命，愿付出如此牺牲的例子真是少见和令人赞叹不已，然而蜜蜂就能做到这一点。

二、蜜蜂王国的"独裁主义"

然而，任何一个社会，一个国家，不管其社会秩序多么严谨，总会出现一些叛逆和违法者，在蜜蜂王国中当然也不例外。

工蜂虽然已经丧失了交配的能力，无法随随便便和雄蜂一样"寻欢作乐"，去挑战"妈妈"的性统治地位，但它们却可以搞"地下活动"——产下未受精卵。然而这种违规行为不仅蜂王决不允许，就是其他的"姐妹"们也无法容忍。这时，以蜂王为首的暴力独裁统治者会很快采取措施，首先工蜂会将"私生卵"以极快的速度吃掉，然后对这些私自产卵的雌蜂进行惩罚。为了维护蜂巢的安定团结，蜜蜂们会采用"谋杀"、"拷打"、"折磨"或"关禁闭"等方式来惩罚"叛徒"或"罪犯"。英国谢菲尔德大学的生物进化学家弗兰克斯莱特尼克斯经过多年的研究后，发现了蜜蜂社会中存在着这些镇压"叛徒"的方法，这些似乎专属于人类社会的暴力统治方式，早已在蜜蜂王国中存在。由此看来，蜜蜂王国也存在相应的"国家机器"。它们的社会虽说是一个有着共同利益的"共产主义"社会，但事实上却是一个"独裁"社会。

三、蜂群内的信息传递方式

蜜蜂王国是由群体内每个个体之间通力协作保持着密切的联系而存在的，称得上是动物世界中群体生活的楷模。社会性昆虫生存的基本特征就是有效的信息传递，也就是说必须通过某种方式使全体成员之间知晓或统一某种行为，使群体产生行为上的必然效应，从而达到整体的需求。

科学家研究发现，蜜蜂传递信息的方式主要有气味激素、声音和"舞蹈语言"等4个方面。

（1）气味激素是蜜蜂王国中最常用的信息传递方式之一

蜜蜂的气味激素有聚集激素、性引诱激素、报警激素和体表外激素等。蜜蜂产生气味的腺体（臭腺）位于第7节背板的内部。腺体外面有一隆起的小点，表面光滑和中间稍凹陷，这是腺体分泌物的挥发器，各种气味通过挥发器向外散发，通过空气和食物传播给同伴。

（2）蜜蜂的声音

这个问题目前尚有争论。外国科学家对蜜蜂解剖后发表报告说，蜜蜂没有听觉器官，是天生的"聋子"，断言蜜蜂通过有声语言传递信息是不可能的。然而，我国养蜂专家陈盛禄、林雪珍通过多年养蜂实践观察和研究认为，"舞蹈"是蜜蜂的无声语言，蜂声是蜜蜂的有声语言。也有外国科学家在论文中指出，蜜蜂可以发出超声波。它是一种频率高于23赫兹的弹性波，波长较短，超过人耳所能听到的范围。

（3）蜜蜂的"舞蹈语言"是蜜蜂传递信息的又一方式

不同种族的蜜蜂，舞法也不一样。专家们经长期观察和测定，发现工蜂的"舞蹈"原来很有讲究。简单来说，如果工蜂在蜂集附近50米以内发现蜜源时，它会跳"圆形舞"来传递信息。而工蜂发现50米以上的远距离蜜源时，就会跳一种类似于"8"字形的"摆尾舞"。当蜜源距离更远时，蜜蜂会跳"镰刀状舞"来传递信息。

(4) 电磁振荡

科学家采用一种高灵敏度的、能有选择性地对蜜蜂的振荡产生感应的装置，搞清楚了蜜蜂是如何在空间以极高的精确度，利用电磁振荡信号进行空中联络和确定方位的。原来蜜蜂能利用声脉冲向同伴指出蜂箱到蜜源的距离。蜜蜂对距离的估计，是依据它在飞行中肌肉能量的消耗量，以及脉冲的数量和发出后所用的时间，进行编码后发出的。蜜蜂这种完善的通信方式让人拍案叫绝。

养蜂人都知道，在雷雨到来之前蜜蜂就能感受到电场强度的变化，以便让自己及时隐蔽起来。原来蜜蜂在与蜂巢壁、蜂房摩擦时，会得到 90 纳库的电荷，这差不多是蜜蜂处于静止状态下的 100 多倍。蜜蜂在黑暗而拥挤的蜂巢内部进行联络和定向，可能就是利用这种声音和电场振荡同时来完成的。

信号蜂一边发出声音，一边以接近 14 赫兹的频率鼓动腹部，在此情况下便产生了无线电波。而接收蜜蜂声波的"传感器"是不久前才被发现的一种绒毛，其长度约 640 微米，根基直径约 10 微米。它们以扇形排列在蜜蜂头部的两边、复眼和后脑的连接处，这些绒毛具有感知低频电场的功能。当信号蜂沿着蜂房爬行时，它与同伴之间能保持一定的距离不至于发生相互碰撞，相互之间拉开的距离大约在 5 毫米以内，也即声音能到达的极限。

绒毛摆动的振幅由声音或电场的频率以及它们的强度所决定。绒毛在声音的作用下，能偏转 1°，而在电场振荡的影响下摆幅可达 5°。

绒毛与神经细胞相连，神经细胞能产生与绒毛振幅成比例的神经脉冲频率和同一频率的电场振荡，并使绒毛摆动。神经细胞对绒毛的摆动有着特殊的反应，即起到振荡传感器的作用。同时，它又像节肢动物的感觉器官，对触觉负责记录，并且只有在偏转时才报以信号。蜜蜂能如此传递信息，真可谓是既巧妙又精确，真神奇。

蜜蜂与人类世界

第一节　蜜蜂的生存智慧

据考古学发现，蜜蜂在地球上已有约 1.3 亿年的历史，它依赖着 5 个心室、4 个翅膀和 1 万个眼睛（3 个单眼，2 个复眼），天天又唱又跳非常快乐。虽说吃的是粗茶淡饭（蜂蜜、花粉等），但工作特别勤奋，诚实守纪、尊老爱幼、心情愉快、轻松自在。

正因为大自然的这种优胜劣汰，亿万年的艰苦磨炼和丰富的生活积淀，造就了蜜蜂如此的智勇双全、勤劳俭朴、意志坚强、高风亮节，个个自尊、自爱、自立、自强，所以蜜蜂永远繁衍不息，青春靓丽、充满活力，真可谓是大自然进化的一大杰作和人类健康长寿的良师益友。

一、团结、勤奋、奉献、诚信

古往今来，以物言志的良言誓语很多，但是，颇有借鉴价值的格言，莫过于"蚕吐丝，蜂酿蜜；人不学，不及物"了。"春蚕到死丝方尽"，蜜蜂更是"鞠躬尽瘁，死而后已"。古代不知道有多少志士仁人，受这几句话的启示而成为科学家、艺术家、企业家。全世界的昆虫，让人赞美得最多的莫过于蚕和蜜蜂。鲁迅先生称赞忠贞工作和革命的老黄牛。然而老黄牛，虽然给予人很多，但毕竟有向人索取草料之薄的要求。而小小的昆虫——蜜蜂呢？却毫不与人争田争食，只吃点花蜜、花粉、乳糜（蜜粉混合物）等，完全自食其力。为了集体，大家团结、勤奋、鞠躬尽瘁，无昼夜之息，始终给人以甜蜜，给人以灵丹妙药，给人以愉快，给人以物质享受，特别是给人以无穷的启发和奋发向上力量，而自己的生命却非常短暂（图 3－1）。

图3-1　人蜂和谐相处

蜜蜂采蜜的辛劳，更是惊人。据统计，蜜蜂酿造1 000克蜂蜜，必须采集100万朵花的蜜原料。假如这些花距离蜂巢1 000米左右，那么采1 000克花蜜，就要飞行45万千米，差不多等于绕地球11圈。看了这样的统计数字，我们怎能不发自内心地感叹、敬佩勤劳的蜜蜂呢？

蜜蜂精神的可贵，不单是敬业，还有很多。例如，蜜蜂有严格的组织纪律，有严密的分工，有文明的精神，给人以法制观念和严守法纪的启示；有勇敢自卫，坚贞不屈的精神，给人以顽强抗敌和勇敢牺牲的启示（边防战士曾以蜜蜂自卫相比）；蜜蜂有毫不利己，专门利人的精神，奉献给人们的都是宝，当人们适当奖励，蜂势便会大加兴旺，"投我以木桃，报之以琼瑶"。这给人以报恩报德的启示。"蚕出自有桑抽叶，蜂来应有树给花"，"莫谓花飞便磋花，此残彼艳又有花"，含有"柳暗花明又一村"的哲学道理，给人达观乐天的启示。而蜜蜂的集体主义精神，更给人以理智和道德。

总之，蜜蜂的精神——团结、勤奋、奉献、诚信，永远值得我们学习、效仿和不断发扬光大。

二、尊老爱幼

根据达尔文的进化论，在生物界中普遍存在"弱肉强食，物竞天择"的现象。在同一种群内同样如此，包括人类，而蜜蜂这一种群却有些特殊。

尊老爱幼是中华民族的传统美德，也是我们今天要坚持和发扬的宝贵遗产。蜜蜂可以称得上是奉行尊老爱幼美德的"始创者"，它们同样也是坚守尊老爱幼古训的典范。蜜蜂的尊老爱幼表现在尊敬母亲（蜂王）和爱护幼儿（即幼虫）上。

如专门服侍蜂王的侍从蜂，它们在蜂王的左右忙碌，既做好安保工作，又要帮蜂王梳理身上的绒毛，可谓能文会武。甚至在蜂王有需要时，侍从蜂还会将自己营养腺分泌出的蜂王浆用吻直接伸入其口器中。研究发现，分泌蜂王浆的蜜蜂会使自身的身体受损，缩短其寿命。蜂群中的其他蜜蜂也不会示弱，誓将蜂王的生活和安危作为自己一生的"头等大事"，这也是蜜蜂"尊老"美德的最直观体现。

在蜜蜂王国里，蜜蜂很好地发扬了爱幼这一传统美德。据观察，每培养一只幼虫就等于消耗一只成年蜂的食物。众蜂精心哺育幼虫，给予无微不至的照料，力求为幼虫的成长发育创造最适宜的条件，为幼虫的"食"、"住"而不辞劳苦。在早春或者晚秋期间，我们可以在蜂场附近的水源旁发现不少已经冻僵的采水蜂——为了满足幼虫发育需要的水分，它们不幸付出了自己宝贵的生命。蜜蜂尊老爱幼的美德的确是值得我们好好学习和歌颂。

三、公平竞争追"新娘"

在蜜蜂王国里同样存在新郎追求新娘有趣的一幕，蜜蜂的"文明恋爱"表现在公平竞争上。它们严格奉行人类那种公平合理的竞赛规则来求得"新娘"——处女蜂王的欢心和爱情。

我们用"竞选新郎"、"旅行结婚"来形容蜜蜂的结婚是最好不过的了。在竞争新娘的过程中没有"暗箱操作"，充满公平，择优录取。雄蜂为了赢得"美人的芳心"，会竭尽全力地投入竞争的行列。与处女蜂王同期成熟的雄蜂数量往往是处女蜂王的千万倍。然而与处女蜂王同群相伴生出的兄长却从不去沾"近水楼台先得月"的光，在激烈的竞争中更多的时候它们是处于劣势地位，因为处女蜂王对与其同母但没有爸爸的兄长比较反感。为了这舍近求远，雄蜂与处女蜂王的"婚飞"范围相当大。它们寻找情侣的本领也非常了得，目标在数千米之外，甚至更远都能顺利地"喜结良缘"。

处女蜂王的这种挑新郎喜好，让人容易联想到人类社会为什么要禁止近亲结婚的道理。在蜜蜂世界里没有明文规定一定要禁止"近亲结婚"，但处女蜂王的婚配选择却将人类社会文明之一的禁止近亲结婚，体现得淋漓尽致，这不得不让人感到万分惊讶。

雄蜂公平竞争新娘的场面相当激烈和壮观，很多时候处女蜂王飞离蜂巢就有可能被成百上千只雄蜂组成的强大"情网"所笼罩。雄蜂个个情绪高涨，斗志昂扬。尽管处女蜂王同样兴奋，但它却非常理智地坚守着健康、优良、强壮等"择偶"标准。目的是为本群后代的健康、繁荣严格把好关。雄蜂公平竞争新娘的过程，实际上就是蜜蜂世界中优胜劣汰的真实写照，这与达尔文的进化论相一致。

四、蜜蜂善于"计划生育"

蜜蜂的计划生育指的是能按照生产的需要、群体的发展，并结合自然发展的客观规律，恰到好处地安排好繁殖。既保证花期来临时拥有足够的生产大军，又不至于耽误生产，又刚好能做到一个蜜源结束，不会造就一大批只能吃又没事可干的无用蜂。

蜜粉源植物的生长、开花及吐粉泌蜜规律对蜜蜂生活生产的影响最大，蜜蜂能准确无误地掌握各种自然现象的发展规律，从而因时、因地制宜，定时、定量交配来控制本群体的消长变化。如春天来了，许多蜜粉源植物很快就要开花泌蜜，需要相当一批适龄蜂为之授粉采蜜，为了不影响生产大计，蜜蜂就提前一个多月开始繁殖；如果存在两个蜜粉源，且之间有间隔期，若间隔期较短蜜蜂就通过限量节食勉强熬过去；若较长时间没有蜜粉源，蜜蜂会当机立断采取有效的"节制生育"，即在保持本群相当实力的前提下，蜂王暂停产卵，减少因育虫和增员所造成的饲料消耗，避免饥荒的发生。这种行为在生物学上被称为"育虫节律"。如中华蜜蜂，等蜜粉源刚刚采完，蜂王马上就节制繁殖，对于蜜蜂王国来说，这的确是最为明智的选择，尤其在蜜粉源间期较长的情况下。

五、出力、出汗、不出血

的确，小小的蜜蜂每天高兴地早出晚归，飞到百花丛中采集花蜜和花粉。朝霞迎接，和风送行，蓝天做伴。蜜蜂有严明的纪律，严密的组织，严格的分工，工作时专心致志。当侦察蜂一旦发现有鲜花开放，即刻用舞蹈语言通知同伴，不怕跋涉，不辞劳苦，一丝不苟。流蜜期间，一朵花都不放过，为了集体利益竭尽全力，无怨无悔。

为了能采到优质花蜜和花粉等，蜜蜂总是以礼为先，一是问候，二是微笑，非常讲究文明礼貌。花儿当然也会为之感动，知恩图报，乐意舒展开自己美丽的花瓣，报之以甜蜜的微笑，奉献出极佳的蜂产品。蜜蜂就是这样以花为伴，与花为友，与花为善，同时还不断地在花丛中牵线搭桥，兢兢业业，精益求精，甘愿做个令人赞颂的月下老人，促使花开满树，硕果满枝（图3-2）。

蜜蜂的事业心还表现在享受的集体主义团队精神，蜜蜂王国的内部管理机构相当精简，但能高效率运作。在数以千万计的蜂群中，我们只见一个当官的，即蜂王，而且是兼职。因蜂王的本职工作是生儿育女，只不过同时用蜂王激素兼管一下内政事务。正因为如此的精兵简政，机制合理，管理科学，加上工蜂的自动自觉，一切工作文明有序，从而创造出最为先进的处世之道和生活模式。从这点上看，我们人类也只好甘拜下风。

图 3-2　出力、出汗、不出血

再说蜜蜂非常团结和谐，数以万计的蜜蜂挤在一个蜂窝中，相互之间的磕碰、摩擦在所难免。与心胸狭隘的蚂蚁不同，蚁群内常为争食物而斗殴打架，而蜜蜂却有一颗宽容之心，相互之间从不争斗，相互礼让，各取所需。虽说蜂口众多却井井有条，具有极强的凝聚力，一致对外，为保护蜂群的安全，个个奋勇争先，舍生忘死，整个蜂群团结表现出极强的战斗力，即使来势汹汹的恶禽猛兽也不敢轻易冒犯，这真是"军民团结如一人，试看天下谁能敌。"

六、拼脑、拼劲、不拼命

蜜蜂拼脑，具有科学精神，是世界上一流的建筑师，建造出来的养育幼蜂的巢房呈六边形。组成底盘的菱形，所有钝角均等于109°28′，所有锐角则等于70°32′，个个房间天衣无缝地连接起来。美观大方，坚固实用，容积最大。更为神奇的是所有蜜蜂都能自觉遵循这一建筑理念和设计方案，没有一个是"违法建筑"，没有一个敢"偷工减料"，没有一个会"贪污腐败"，这充分反映出一种诚信和团队精神。如此齐心协力，如此遵守规则真是令人叫绝。

审视蜜蜂的工作，非常认真负责。勤奋适度，真正做到了"拼脑、拼劲、不拼命"，看起来人类是很聪明，但有时聪明反被聪明误。

其实人的生老病死，如同春夏秋冬、开花落叶一般，是自然界美丽的自然循环，只不过去世的方式不同而已，一种是自然去世，一种是病理凋亡。

　　自然去世是无病无痛，无疾而终，平安百岁，快乐轻松，生似春花烂漫，走若秋叶静落。

　　病理凋亡却是肉体痛苦，精神备受折磨，过度透支健康，提前消亡。所以说，爱妻、爱子、爱家庭，就是不爱自己身体，结果统统等于零。

　　人人都希望自然去世，可结果却是病理凋亡。虽说有许多原因，但是根本原因，就是没有系统地安排好自己的生活方式，违背了健康养生的客观规律。具体来说就是生活压力过大，生活方式有问题。

　　美国哈里斯调查中心指出：60%～90%的疾病与压力有关，尤其在城市，有近一半的人感到压力太大，使他们的健康状况越来越糟。压力可造成包括从心脑血管病、糖尿病、溃疡、癌症、心理障碍到常见的失眠、头昏病、腰背痛等至少100多种疾病。可是压力无时无处不在，想躲也躲不掉，怎么办？蜜蜂在这个方面确实又是人类的好老师。

　　因为蜜蜂不仅创造了一流的事业——蜜蜂文化，更创造了一流的劳逸结合和一流的身体健康，真是妙不可言（图3-3）。

图3-3　蜂疗医师陈恕仁在迎春晚会
舞台表演《蜜蜂颂》

第二节　蜜蜂的生物钟和记忆力

　　人或大型动物都有圆而大的头，有发达的大脑，因此它们都有很强的记忆力。而蜜蜂是小小的昆虫，它的头又小又扁，能有记忆力吗？能记住东西吗？世界上许多科学家通过试验，得出了肯定的结论：小脑袋的蜜蜂也有记忆能力，它不仅会记住自己的家，记住赖以生存的鲜花的颜色、形状、香味、地点，甚至还能记住一天的时间。

　　世界著名昆虫学家——法国的亨利·法布尔曾做过这样一个经典的试

验：有一天，他在自己家的蜂箱里捉了 20 只蜜蜂，在每只蜂的胸部背上都用白色颜料做上记号，然后将它们装在一个纸袋里，带到离家 2.5 千米处放飞。与此同时，让自己的小女儿艾格兰在自家的蜂箱跟前守候着蜜蜂回来。下午两点钟时，他将蜜蜂放了出去，顷刻蜜蜂便向四面飞开，此时，天正刮着风，如这些蜜蜂，没有记忆力的话，在此不利的天气条件下，一定会迷途找不到家的。可是，当他回到家时，小女儿艾格兰高兴地告诉他："两只有白点标记的蜂在两点四十分的时候就回到家里，而且还带着花粉呢。"那天晚上还不见其余的蜜蜂回来。第二天，当他开箱检查蜂群时，又发现了 15 只白色记号的蜜蜂在巢内。20 只中有 17 只蜜蜂回到了家，没有迷巢，尽管当时刮着风，沿途是陌生的田野，它们终于还是回来了。这试验说明蜜蜂同鸽子一样有很强的记巢能力。

还有人做过这样的试验，把装有蜜蜂的蜂箱转移到 2 公里处，没过多久，该箱的所有出勤蜂都陆续飞回原来的地方。这说明飞翔过的蜜蜂已经牢牢地记住了"家"的位置。

读完上面两个试验例子，你也许会很自然地问道，远离蜂巢访花采蜜的蜜蜂，它们怎样记住自己的"家"呢？要想弄清这个问题，必须从蜜蜂的身体结构谈起。

蜜蜂是自然界最进化的昆虫之一，别看它个子小，但它身体上有比较发达的神经系统。脑是神经系统的中心，它可以根据周身感觉器官，如眼、触角、表皮上的触毛等，感受外界对它的刺激，并发生一定的反应，通过多次反复感受某一刺激后便会在大脑中产生记忆。

出房几天的幼龄蜂，在承担外出工作之前必须先认家门；刚搬家的蜜蜂在到达一个新地方时也得先认家门。蜜蜂认家门的方式很特别，总选择晴暖的午后，在巢门前头朝着蜂箱进行试飞，在试飞的同时不停地观察蜂箱的颜色、形状及周围相邻物体的形状特征。这种飞翔开始是短暂的，而且只限于在蜂箱周围，随着飞行次数增加，飞翔的范围也逐渐扩大，渐渐地由小范围认巢飞翔扩大为大范围认巢飞翔。据测定，工蜂经过 6 分钟的认巢飞行就能基本记住自己的"家"。但这种认巢飞翔通常要进行几次，每次不超过几分钟，持续几天后，当它们完全记住自己的"家"以后，才敢出征到远处寻花采蜜。

蜜蜂通常在离蜂巢半径三四千米范围采集花蜜、花粉，极少飞到 5 千米以外地方去采集，因为距离超过四五千米它就记不住"家"，5 千米的距离对体长只有 1 厘米的小蜜蜂来说确实是够远的了。

蜜蜂的飞行方向，是利用地面上的标志及太阳的位置和偏振光的。它们利用连接在一起的绵延不断的地面标志（树林、海岸线、田野、公路等）比利用太阳位置多。如果蜜蜂要绕过一个障碍物（大块岩石、高山等）飞行方能到达食物所在地时，侦察蜂在舞蹈中将用一条从来没有飞行过的直线来指示采食地的方向。

难怪科学家评述："蜜蜂在没有量角器、计算尺、绘图板的情况下，能够如此精确地计算出蜂箱与采食地点之间的那条直线，真是奇迹。"也许有人会问，这奇迹是怎么来的？

原来，蜜蜂头部具有3个呈倒三角形的单眼，3个单眼很近视，只能看近处物体，一般起感光的作用，它只能区别黄、绿、蓝、紫4种光色，而对于红色是色盲。还有一对由许多六角形小眼组成的复眼，能看到很远很远的物体。组成复眼的小眼都是由8个感光细胞组成，并作辐射状排列，所以它能观察到各个方向的物体，而且每个小眼只能接收平射过来的光线，光线角度不对，小眼就感受不到。因此，蜜蜂在按直线飞行时，就唯有一只小眼看到太阳光。这样，复眼便可根据光线方向的不同感知不同角度的光线，精确确定光源的方位，同时知道自己的位置和方位与记忆中"家"的位置的差距，并不断纠偏，最终飞回到自己的"家"。

蜜蜂还有很强的时间记忆能力，前面说过的诺贝尔生物奖获得者卡·丰·佛列希曾做过这样的试验：每天定时在离蜂场一定距离的地方给蜜蜂喂糖水，重复喂几天后，在原来饲喂糖水的地方，仍按原定时间摆上空盘，不加糖水，结果原先几时几分到此处采糖水的蜜蜂都十分准时地飞到空盘上找糖水吃，当它们找不到糖水，而到了饲喂终点结束时，又都准时撤离回巢。这个试验结果令人信服地说明：蜜蜂能准确地牢记每一饲喂钟点，即有时间概念并能记忆之。在其后进行的更多有趣试验中，还进一步证明：蜜蜂能像人的徒步旅行那样，根据太阳的位置来推知时间。而且蜜蜂的时间概念也同人一样以24小时为一日周期，它有通晓太阳昼夜运行的本领。

那么，蜜蜂是如何产生时间感的呢？科学家们经过多年研究，基本弄清了这个问题。原来蜜蜂是依据地球磁场的偏角、磁倾角及其强度具有日周期规律的变化产生生物钟感觉的。也就是说，地磁的日周期性波动，是蜜蜂作为时钟的"怀表"，从对蜜蜂生物钟的揭示可以看出，掌握时间是蜜蜂的又一奇能。

第三节　蜜蜂的软功夫与软实力

曾几何时，一统天下的"巨无霸"恐龙在6 500万年前的一次行星撞击地球造成的气候巨变中消亡绝迹。奇怪的是，同一时期的鳄鱼却靠着小得多的躯体，身强体壮，坚牙利齿，足智多谋，进可攻退可守，左右逢源，水陆两栖，生儿育女，真不愧为生物进化史上的又一个奇迹。恐龙和鳄鱼同为卵生动物，为何有如此巨大的差异？一位美国生物学家说："当地球上不存在人类的时候，鳄鱼还会在湖中从容地游弋"。美国物理学家爱因斯坦说："如果蜜蜂从地球上消失，人类将最多再存在四年……"

一、蜜蜂文化的软功夫与软实力

因为全世界80%的开花植物靠昆虫授粉，而其中85%靠蜜蜂授粉，90%的果树靠蜜蜂授粉。如果没有蜜蜂的高效传播花粉，约有40 000种植物会繁殖困难，濒临灭绝。蜜蜂是整个生物链中的重要一环，而且在生物链的底层，是链接动物和植物的桥梁，如果它消失了，一大串生物链的生物都要遭殃，首当其冲是人类。生物链断了，就意味着食物链也断了。所以说，保护蜜蜂和蜜源植物实际上就是在保护人类自己。

若把鳄鱼和蜜蜂相比，鳄鱼可就要自叹不如了。因为蜜蜂不仅像鳄鱼那样顽强地在地球上存活了下来，而且家族不断的兴旺发达，子孙满堂，进化出多个品种，遍布世界各地，真可谓是"四海之内皆兄弟，天下无处不蜜蜂"了。

人们不禁会问，在这亿万年残酷的物竞天择，优胜劣汰的自然选择中，蜜蜂凭什么本事能脱颖而出呢？

深究其原因，原来鳄鱼靠的是"硬功夫"、"硬实力"，而蜜蜂全靠的是"软功夫"、"软实力"。在蜜蜂的王国里，经过漫长的自然进化，形成了团结、勤奋、奉献、诚信的"蜜蜂文化"。

难以想象，在如此激烈、你死我活的生存斗争中，蜜蜂的软功夫、软实力竟能无坚不摧、战无不胜，达到了"此时无声胜有声"的至高境界。这正如《孙子兵法》所说的"攻心为上"、"不战而屈人之兵"。

智慧勇气，刚柔相济，顺我者昌，逆我者亡，适者生存，这种软功夫、软实力竟然有如此巨大的威力，这充分说明这个世界实在是太奇妙了。

二、造福于人的软功夫与软实力

揭秘蜜蜂的软功夫、软实力这就是"四自、四心"。四自是：自立、自强、自信、自律。

自立，是指有理想、有抱负，顺其自然，不畏艰险，勇往直前真正做到天地蜂和。自强，是指不逞强，顺势而为，适度均衡，和谐相处，阴阳平衡。自信，是指做事要有信心，自信不是自负，要充分认识自己，永远乐观，从不悲观，坚持就是胜利。自律，是遵纪守法，洁身自爱，不贪污腐败。要不然，春风得意时便会忘乎所以，贪心贪欲，前功尽弃。

"四心"是事业上有进取心，工作中有责任心，生活中有平常心，心灵里有慈爱心。有了这"四心"便会头脑冷静，理性分析，不以物喜，不以己悲，宠辱不惊，清风明月，物我两忘，什么利禄功名，酒色财气，都会视如粪土，一身正气，永远立于不败之地。

再说蜜蜂与蚂蚁同样是面对大自然的严酷生存竞争，仔细对比就会发现蜜蜂有着与蚂蚁完全不同的心态。蜜蜂以爱心为本，把善良、理智、创新作为生活的准则，处处助人为乐，从不轻易伤害别人而且时时造福于别人。就连蜜蜂采集花蜜花粉时，也不是单纯像蚂蚁只知道卖苦力做搬运工而是一面享受工作的乐趣，一面播种友谊，使自己和花朵共创双赢，双双受益。采回来的花蜜和花粉又不是简单的贮存备用而是进行精加工、深加工，即把自己的唾液将普通的花蜜酿造成蜂蜜，把花粉加工成蜂粮，让这一创新性的蜂产品其科技附加值成倍地增加，成为最原创、最传统、最纯天然，也可以说是最完美的绿色保健珍品。让蜂群自身和整个社会共同享受。形象地说，蚂蚁仅仅是做些苦力的"搬家公司"、"运输企业"，而蜜蜂经营的是"健康保健产品"、"高科技产业"。

三、构筑和谐的软功夫与软实力

更难能可贵的是，蜜蜂还能创造出连生物高科技都无法合成的另几种神奇蜂产品，如蜂王浆、蜂蜡、蜂胶、蜂毒、蜂幼虫和蛹等。特别是蜂王浆能明显提高人的抵抗力、免疫力、生育能力和用于美容，蜂王就是因为专吃蜂王浆，以40秒钟产一个卵的速度，每日产几千到一万多个卵，连续达数年之久，这真是天方夜谭般的奇迹。人类若能感悟蜜蜂和效仿蜜蜂也来运用好这种"软功夫""软实力"，相信人类的未来同样会像蜜蜂那样一片光明、前途无量。

以上可见，在动物世界中，同样存在着像人类一样的"动物文化现象"。这是动物在漫长的自然进化中形成的，符合达尔文"物竞天择，优胜劣汰"的自然规律。它们同样存在着"硬实力"、"软实力"。尤其是研究其"软实力"，是人类学习的好榜样，也是一种"仿生学"。

把动物自然现象和人类的人文社会现象结合起来研究，不仅限于蜜蜂，可以说是整个动物界的普遍现象。当然，有"好"的软实力，也有"坏"的软实力。而蜜蜂"好"的软实力，却是很典型的，值得人类继续深入探讨与学习。这是一门新的边缘学科，值得我们开发研究。

第四节　蜜蜂文化的推广

中华民族的文化，博大精深，源远流长，无与伦比。人类在与大自然的和谐相处中结识了蜜蜂，从人们单纯采集蜂蜜到饲养蜜蜂，进而到探索、挖掘蜜蜂王国中的无数奥秘，直到不断弘扬蜜蜂精神，充分利用蜂产品等，均说明蜜蜂千万年来确实给人类带来了不少好处，真不愧是人类健康的良师益友（图3-4）。

图3-4　陈恕仁教授给学生讲解蜂疗养生知识

　　我国不仅是一个养蜂大国，更是一个养蜂古国，从四川乐山蜜蜂博物馆收集到的侏罗纪古蜜蜂化石，说明华夏大地1.3亿年前就有了蜜蜂的存在，有关"蜂"的文字记载，开始于西周，距今已有3 000多年的历史。从猎取到饲养蜜蜂，直到东汉时期人们已经总结出一套较为系统的蜜蜂饲养法，而且一直沿用到今日，同时还出现了我国养蜂史上的鼻祖——姜岐。随着对蜜蜂解剖学、生理学、病理学、生物管理学的深入研究，加上西方蜜蜂的引进，中蜂活框饲养的改良，积累了大量的历史资料、出版物，历代养蜂用具、古文物、图片、音像资料，加上众多文人、名士写下的赞颂蜜蜂的诗篇等。在这数千年的漫长岁月里，奠定了灿烂蜜蜂文化的基础，成为了中华民族文化的一个重要组成部分。

　　洞察自然界中的蜜蜂，其实它是一个庞大的家族，据估计全世界属于蜜蜂总科的昆虫约12 000种，我国约有3 000种。其中，过社会性生活能酿蜜的蜜蜂，全世界已确定有9种，中国有6种。

　　蜜蜂王国是由尊贵而繁忙的蜂王、勤奋可爱的工蜂、职责专一的雄蜂所组成的，大家团结勤奋，分工合作，各尽其职，维护共同的家园。选蜂王擂台竞赛，在空中举行婚礼，争新娘夫君大选；尊长者情深义重，定去向公众做主，讲民主相互制约；靠群体全面发展，创丰收分工协作，酿蜜糖里应外合，科学分工量力行；重真情爱憎分明，顾大局无私奉献；守巢门行为文明，抗侵略勇猛善战，战凶顽视死如归；善节俭计划生育，省材料收旧利废，保恒温空调巢房等都非常奇妙有趣。

　　蜜蜂为了种群的生存和繁衍，就是以这种社会化的群体而存在，他们终日忙碌于百花丛中，为了集体的利益团结合作、自觉勤奋地劳动，无私无畏地奉献，有条不紊地生活着。这种精神，不仅给人类社会生活以深刻的启示，也为将蜜蜂精神树立为企业形象和企业团队精神提供了依据。

　　蜜蜂在采集植物的花蜜、花粉和树胶的同时，也为植物传播花粉，使植物得以传宗接代，促进植物物种多样性的形成和演化。地球上之所以拥有今天如此众多、千姿百态的植物：茂密的森林，绿茵茵的草地，万紫千红的花朵，累累丰硕的果实，蜜蜂真是立下了汗马功劳！从"花——蜜蜂——人"这一生物链来看，蜜蜂与花和人之间存在着自然生态系统能否平衡的大问题。特别是蜜蜂和蜜源植物花之间的相互关系，犹如鱼和水的关系，因为蜜源植物是饲养蜜蜂的物质基础。我国蜜源丰富，从这一方面来看，可谓是"天然宝库"。如果我们能够系统地介绍各种蜜源植物及用它酿成的蜂蜜（特性及医疗保健作用）。蜜蜂采蜜的过程及该行为的伟大意义，不仅能充分展示蜜蜂文化的丰富内涵，还可为消费者科学认识蜜蜂，消费蜂产品。提供依据和参考，而不断提高人们的环保意识。

人类在与蜜蜂交朋友的过程中，自然而然地就产生了对蜜蜂的敬仰和崇拜。在创世神话中，蜜蜂便活跃于字里行间。由于蜜蜂确实给人类带来了健康和幸福，所以人类崇拜蜜蜂，赞美蜜蜂。如云南西部的怒江峡谷，生活着自称是蜜蜂后代的民族，如图腾崇拜蜜蜂的怒族"别阿起"（蜂氏族）。这些民族的人们都把蜜蜂飞来定居，视为吉祥之兆，许多地方常对"蜂神"顶礼膜拜等。中华文化有青铜文化、中医文化、饮食文化、酒文化、茶文化等，其实蜜蜂文化也是某些民族的重要文化之一，有不少民族弘扬蜜蜂文化，如纳西族的东巴文化、傣族的贝叶文化、彝族文化等，不少地名就是以蜜蜂来命名，如蜜蜂谷、蜜蜂岩、蜜蜂箐等。因而，进一步发掘研究蜜蜂在中华文化中的内涵、弘扬传统的蜜蜂文化意义深远（图3-5）。

图3-5 陈恕仁教授在全国科普日宣传蜜蜂

人们在采集利用食物的过程中，还发现蜜蜂能为人类提供众多的蜂产品，从观察蜜蜂，到饲养蜜蜂，由被动享受大自然的恩赐，发展成为今天的科学养蜂，由只利用纯天然的蜂蜜、蜂蜡等原始蜂产品，发展为生产蜂王浆、蜂花粉、蜂胶、蜂毒等多种蜂产品。这一转变过程中，既反映了人的主观作用，也体现了蜜蜂给人类的奉献，从而使人们的生活充满幸福，更具诗情画意。人们热爱蜜蜂，敬仰蜜蜂，当然也就会情不自禁地歌颂蜜蜂，视蜜蜂为神虫，吉祥的象征，保护它，崇敬它，赞颂它，为此从古至今也留下了大量的文学作品，如蜜蜂的故事、传说、游记、民间文学、诗词名句等，成为蜜蜂文化的一部分，令人身临其境感受其中的诗情画意。

以蜜蜂为题材的艺术作品，如书画、邮票、蜡制工艺品等丰富多彩，还有音乐、舞蹈、民歌等，名目众多。其中，值得一提的是苗族、瑶族的传统蜡染工艺品，被人们用来美化衣着，这又成为蜜蜂文化中的一份瑰宝。

再说在企业发展的过程中，紧密结合蜜蜂文化，从而产生了良好的文化内涵，树立了良好的文化形象。把蜂产业真正办成文化产业，就应在企业形象、企业精神、企业品牌、产品包装、标志设计、广告宣传、产品展示、专卖商店的设计及布置等多个方面将其体现出来。蜂产业文化必须突出"蜂"、"花"和"人"之间的密切关系，用蜜蜂社会严密的组织，工蜂勤劳、勇敢、团结合作、各司其职、无私无畏的精神，来塑造企业的精神和形象；用蜜蜂与花的协同关系，来增强人们保护生态环境"的意识；展示各种蜜蜂和蜜蜂资源，使人们了解蜂产业的开发前景：普及各类蜂产品的知识，宣传蜂产品与人类健康美容长寿和养生的关系，来引导人们科学而安全地消费蜂产品，充分利用蜂产品的质量及服用功效来塑造企业的名优品牌形象：发掘上下五千年历史长河中，将古先民们在认识蜜蜂，了解蜜蜂，饲养蜜蜂和利用蜂产品的过程中所形成的传统蜜蜂文化发扬光大，振兴蜂产业，促进物质文明和精神文明的不断发展，为向小康社会迈进作出贡献。

通过各地兴办的蜜蜂博物馆，蜜蜂园内的大批文物、标本照片、实物，来提升企业文化的品位，促进产品的销售，提高人们对蜂产品的认识和环保意识，使其经济效益、社会效益、生态效益得到更大的发挥，则其发展前景无可限量，好上加好（图3-6）。

图3-6　作者陈恕仁教授在蜜蜂博物馆参观

第五节　蜜蜂为农业作出的巨大贡献

据研究考证，在距今1亿年前的白垩纪末期，在有花植物（被子植物）出现的同时，蜜蜂的祖先就与花形成了互利和依赖的关系，这种关系一直延续到现在。这种互利的关系是十分简单的，即花为蜜蜂提供花蜜和花粉，而蜜蜂则为植物进行传花授粉。

地球上的植物虽有几十万种，但所有植物的花授粉方式只有两种，一种是自花授粉，另一种是异花授粉。自花授粉就是本朵花雄蕊的花粉直接传给本朵花的雌蕊或本株植物另朵花的雌蕊上，如豌豆、小麦等。

在约25万种有花植物中，自花授粉的花数量很少，原因是自花授粉产生的后代生命力弱，不能给植物产生遗传进化的机会，容易出现绝种的可能，因此，许许多多植物在进化过程中自行产生了对自花授粉的不适应机制，如雌雄异株、雌雄异花、自花不孕。异花授粉就是一朵花雄蕊上的花粉要靠"媒人"传到另外植株的花的雌蕊柱头上，如油菜、柑橘、南瓜、玉米、荞麦等植物。异花授粉在有花植物中占绝大多数。因为异花授粉对植物自身具有优越性，它能使后代植株具有强大生命力和对不良生活环境的更强抵抗力，并能提高结果率，更有利于植物后代的繁衍，因此，在长期自然选择中受到绝大多数植物的"欢迎"，并成为有花植物结果过程的最普遍现象。

异花授粉要靠"媒人"作合，在自然界中，可为花作媒的有虫媒、水媒和风媒。从进化的角度比较，水媒和风媒似乎比较原始和低级，保媒的成功率也较差。而虫媒，由于有许多优势，对植物的异花授粉表现得更可靠、更准确和更有保证。因此，虫媒授粉在异花授粉中占有主导地位。据统计，在欧洲生长的植物中，80%的异花授粉是靠虫媒完成的，而在虫媒之中蜜蜂科的昆虫又数第一。

在自然界中，能为植物的花做"媒"的昆虫有近千种之多，但人们通过系统比较之后发现：唯有蜜蜂是虫媒花最热心、最可靠、最理想的"媒人"。这是因为蜜蜂授粉效率高，质量好，算得上真正的授粉"好把式"。为什么呢？原因在于它形态构造及生活习性与虫媒花有着极好的适应性，表现在下面几方面。

一、形态构造的特殊性方面

蜜蜂的足具有专门适应采集花粉的工具——花粉刷、花粉栉、花粉耙和花粉筐等；它浑身又密生羽状分叉的绒毛，极易黏附花粉。据计算，一只蜜蜂周身所黏附的花粉可达2万粒以上，远远超过其他昆虫。当蜜蜂从这朵花飞到另一朵花上采集时，授粉之事也就顺理成章地给办了。

二、蜜蜂采集的专一性方面

蜜蜂采花有专一性，它不像别的昆虫会朝三暮四。如果蜜蜂开始采某一种花，它将会始终不渝，持续几个星期采这种植物的花，直到这种花凋谢为止。这种特殊性对蜜蜂来说是有利的，它熟悉这种花，能节省采集时间；对于花也是有利的，因为蜜蜂给它们授粉，它们才能结出更多、更好的种子。有首儿歌最能说明蜜蜂和鲜花的密切关系（图3-7）：

鲜花开放蜜蜂来，蜜蜂鲜花分不开。

蜜蜂生来恋鲜花，鲜花为着蜜蜂开。

图3-7　蜜蜂采蜜与授粉

三、可训练性方面

蜜蜂可以用训练的方法指定它采某种植物的花，例如，有一种植物叫红三叶草，由于花冠较深，蜜汁藏在花冠底部，蜜蜂采这种花蜜，比采别的花要多费几倍的力量，所以，蜜蜂不愿为它"做媒"。然而，红三叶草是上等牧草，是家畜的上等饲料，如果蜜蜂不去采它的花，花儿就得不到授粉机会，也结不出种子，那么第二年播种就成了问题。科学家们做了这么个试验，把红三叶花泡在糖浆里，晚上饲喂蜜蜂。第二天早晨，侦察蜂便飞到红三叶草的花朵上，大量蜜蜂受到科学家的"夜宴招待"后，"积极性"便提高了，即使费点劲也愿意把口器伸到红三叶草花冠底部吮吸花蜜，由此也充分得到授粉，获得结果。这种训练方法，只有用在蜜蜂身上才行得通，而用在别的昆虫上，则不灵了。而且用这种训练方法不仅能训练蜜蜂为红三叶草授粉，还能训练蜜蜂为其他果树和农作物授粉，达到增产的目的。

　　蜜蜂对人类的最大效益不仅仅在于提供许多蜂产品，而在于为各种农作物传花授粉，提高它们的产量和品质。蜜蜂授粉为人类创造的价值约相当于蜂产品本身价值的十几倍。

　　世界上许多先进国家已将蜜蜂为农作物及果树授粉作为一项专门的经营项目。据报道，美国每年蜂蜜和蜂蜡等蜂产品的总产值约1亿美元，而利用蜜蜂授粉，使农作物增产的价值比蜂产品收入高20～100倍。法国由于蜜蜂授粉，每年农作物增产的价值约达到5 000万法郎，是蜂蜜产品收入的13～15倍。美国现有80多种主要经济作物依靠蜜蜂授粉，每年约有150万群蜂用来为这些农作物授粉（图3－8）。

图3－8　蜜蜂授粉作用大

　　在国内，虽然蜜蜂授粉还未成为专门经营项目，但利用蜜蜂为农作物和果树授粉也有了不少事例并产生相当显著的效果。许多试验证明，经蜜蜂授粉的草莓，其果实又圆又大，而未经蜜蜂授粉的草莓，其果实畸形而小。还有，我们时常见到，向日葵花盘边缘的籽粒长得饱满圆润，而花盘中央饱满的粒籽就比较少，甚至还有许多空粒，这是授粉不足的缘故。如果用一些蜂为向日葵授粉，就不会出现这种饱瘪不均现象。

　　我国许多科学家多年的试验结果表明，经过蜜蜂授粉，棉花、向日葵、大豆、荞麦、柑橘等大部分农作物、果树增产幅度在20%～60%，油菜增产240%，西瓜增产170%，增产最高属荔枝，为600%，这些数字都充分说明蜜蜂授粉是使农业增产的重要措施之一。有科学家曾估算过，如果我国目前种植的农作物都能利用蜜蜂授粉这项技术，其增加的产量相当于扩种5%～10%的耕地面积，即每年扩大约1亿亩农田，这是相当可观的数字。

　　蜜蜂授粉的确能为农业增产插上腾飞的翅膀，因此，早在1960年，朱德委员长就号召大力发展养蜂，曾题词"蜜蜂是一宝，加强科学研究和普及养蜂，可以大大增加农作物的产量和获得多种收益"。并且把蜜蜂访花采蜜形象地比喻为："蜜蜂是农业增产之翼"，蜜蜂是各种农作物授粉的"月下老人"，真是再形象和科学不过的比喻。

第六节　大力推广养蜂事业

一、"蜂群崩溃综合征"在全球蔓延

2006 年，注定在世界蜜蜂史上是个不平凡的灾难年。美国 23 个州数以万计的工蜂神秘地集体消失，剩下的蜂王和老幼蜜蜂也随之死去，美国约有 35% 的蜜蜂完全消失。加拿大魁北克省大约也有 40% 的蜜蜂集体消失。在欧洲，德国、西班牙、葡萄牙、意大利、波兰、奥地利、比利时、荷兰、斯洛文尼亚等国都传出严重的蜜蜂死亡消息。整个西方生物界一片恐慌。接着，印度、巴西等亚洲、拉美国家也不断传出蜜蜂死亡消息，中国台湾省也报道有一千万只蜜蜂消失。

随着蜜蜂集体消失的愈演愈烈，美国正式将这种现象命名为"蜂群崩溃综合征"（colony collapse disorder，缩写为 CCD）。科学家为 CCD 做了如下定义：①蜂群里的成年工蜂全部消失，蜂群内或周边又找不到它们的尸体；②蜂巢内仍保留着封盖的蜜蜂幼虫；③蜂巢内储备的蜂粮完好，而且没有被其他蜜蜂或敌害抢夺的迹象（图 3 - 9）。

图 3 - 9　大型养蜂场

这么多的蜜蜂，究竟去了哪里？为了解开这一谜团，美国耗资了几千万美元进行调研。是电磁波、农药，还是转基因食物？

虽然科学家们不懈努力，但西方蜜蜂的集体消失迄今为止仍尚无一个确切答案。科研人员有一个共识：即蜜蜂的免疫系统肯定出现了大问题，而这背后必然还有其他许多因素单个或共同在起作用，如电磁波的干扰，蜂群的农药中毒、工作压力、寄生虫、病毒感染、营养不良……也许它们都不是直接的元凶，但却都无法逃脱干系。

二、中华蜜蜂暂无灾难却不容乐观

眼见 CCD 现象在许多国家蔓延，那么中国的中华蜜蜂有没有集体消失的现象呢？据有关报道，到目前为止，全国不少地方也曾发生过多起蜜蜂死亡的案例，但都不是 CCD。仅有中国台湾省的一例是疑似病例。

2008 年 11 月，广东省始兴县发生过蜜蜂大面积死亡事件，引起了当地蜂农的恐慌。有人认为很像 CCD。但经专家详细取样检验，初步认为，蜜蜂的死因主要是农药中毒，与 CCD 无关。因 CCD 最主要的特征是工蜂消失，并且找不到尸体。而蜂巢中的幼虫、蜂王和食物都存在。而始兴县的蜜蜂大都是暴毙在蜂箱边。经过调查发现，目前，死亡的都是意大利蜜蜂，是从西方引进的。虽然不至于造成整个蜂群的消失，但是会使蜜蜂数量减少，蜂群变弱。

CCD 在国外闹得人心惶惶，为何国内却能暂时风平浪静？在 CCD 的"元凶"迄今尚无定论的情况下，没有人可以圆满地回答这个问题。

从目前情况看，CCD 事件的主角，应该是"西方蜜蜂"。这种蜜蜂引入我国已有一百多年历史，在不少省份它的数量可能比本土的"中华蜜蜂"还要多。不过，我国许多山区主要还是以饲养中华蜜蜂为主。因为中华蜜蜂更适宜生活在山区，产蜜量虽说比不上西方蜜蜂，但蜂产品却更加纯正与天然。这不仅因为中华蜜蜂大都活跃在少污染的山野，而且身上的病虫害也比较少。西方蜜蜂常见的病虫害有 13 种，而中华蜜蜂只有 2 种；又因小规模、分散饲养，很少用药，所以，中华蜜蜂及其提供的蜂产品将更加"绿色"和环保。

尽管如此，导致西方蜜蜂集体消失的几大"猜想"，如滥用农药、生态环境遭到破坏、工作压力太大，营养不良导致蜜蜂免疫力下降等在中国同样存在。另外，自然生态环境的严重破坏又是蜜蜂的另一个"噩梦"。如广东某些地区近年来种植了大片的桉树，同时把原生态的蜜源植物统统砍光，让蜜蜂无蜜粉可采。桉树一般要长五年才会大量开花；到那时桉树又将会被用作木材砍掉了。所以说，如今在种桉树的地方，蜜蜂的生存环境就显得异常艰难。

CCD 的蔓延也为我国养蜂业敲响了警钟。我们要重新认识蜜蜂王国，树立起一个新的观念：小小的蜜蜂是食物链的重要一环，是整个植物界的支

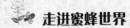

配者，它们理应获得人类更多的重视、尊重和救援。

三、拯救蜜蜂在西方正如火如荼

美国的农业部门已发出了"蜜蜂短缺已影响收成"的警告。鉴于此，许多地区的养蜂协会便组织当地的业余养蜂人，将自己的蜜蜂租给乡下的农民，专门用以给农作物授粉。业余养蜂人这些零零散散的蜂群在积少成多之后，也能多多少少地解蜜蜂短缺的"燃眉之急"。

CCD灾难在西方正逐渐转化为好事——拯救蜜蜂，在美国正如火如荼。养蜂人正从农村迅速扩展到城市，光是纽约，养蜂人数增长了25%。这种风潮在几年前几乎是不可想象的。以前，许多美国大城市甚至与小镇一样，养蜂在纽约却被界定为非法。人们认为蜜蜂是危险的，而且成群出没的时候会带来很多麻烦。在爱蜂者看来，就像猫或狗等宠物一样，这些麻烦实际上可以忽略不计。纽约正在推进"植树百万"的增绿计划，这些树的开花结果都离不开蜜蜂授粉。在"混凝土森林"的城市里，人们期望能恢复自然的生态系统，蜜蜂是其中不可或缺的一环。越来越多的美国人在后院、阳台或屋顶种菜栽果树，招引蜜蜂（图3－10）。

图3－10　蜜蜂"入住"纽约华尔道夫酒店

2009年，在纽约养蜂人协会连续3年的努力之后，纽约等很多城市的

"禁蜂令"相继废除。在过去的5年里，全美养蜂人的数量以超过15%的速度递增。截至目前，共计约13万养蜂人中，约九成是小规模的"后院养蜂人"。当下美国举办大量培训班，养蜂教师们的一项重要课程，就是告诉人们如何做一个友好的养蜂邻居，养蜂人可以像园丁不惧怕玫瑰刺那样与蜜蜂相处。美国还成立了大量养蜂俱乐部，自2006年成立以来，已经拥有了1 300多名会员。以增进情谊、交流养蜂经验为宗旨的大大小小的养蜂俱乐部纷纷应运而生，目前，总人数已有数百万之多。加州有一家"甜蜜俱乐部"，在最近两年时间内，成员数量激增了10倍，可见人气之旺，其中，包括众多企业白领、教授学者、退休老人甚至家庭主妇，也纷纷迷上了业余养蜂。

　　2012年4月的一个早晨，纽约曼哈顿华尔道夫酒店——世界上最豪华的酒店大堂里，所有员工一字排开，欢迎两万名神秘"客人"。可以享受到此种礼遇的是来联合国总部开会的各国元首或商界大亨，而此次华尔道夫的员工们欢迎的却是几群小蜜蜂，它们所栖息的六个蜂房将成为酒店屋顶的新风景（图3–5）。蜜蜂——正成为纽约人的新宠物，在后院、屋顶、阳台、草坪或公路旁，一个个蜂箱正渐次立起。

　　在今日，美国的大城小镇，无论在狭小阳台上，还是在鲜花常开的后花园里，都可以见到形状各异、颜色不一的蜂箱，甚至在白宫花园内也安放了一些由热爱业余养蜂的政府大员"认养"的蜂箱。据悉，连奥巴马总统一家也喜欢养蜂，自称为"绿色休闲"。自产的"白宫蜂蜜"已成馈赠佳品。2012年3月第一夫人米歇尔·奥巴马在参与推广儿童健康饮食活动时，即拿出"白宫蜂蜜"与孩子们分享。

　　通过养蜂来投入大自然怀抱是业余养蜂人的最常见心态。他们仿效职业养蜂人，在本地蜜源匮缺时，便常常三个一伙、五个一群地驾车载着自己的蜂箱，去远处追逐梦幻般的花期。在明媚的阳光下，在各色花丛中，他们一边欣赏着爱蜂舞蹈，一边聆听着它们欢快的嗡嗡声。在养蜂、放蜂等"工作"之余，他们还常常热衷于沐森林浴、垂钓、骑车、爬山、游泳、攀岩等既亲近大自然，又不消耗能源的"绿色健身"。

　　西方不少大都市都有市民养蜂，如伦敦、莫斯科、哥本哈根等。这与这些城市市政当局的积极支持分不开。在法国圣丹尼市，市政府把市府大楼顶层楼面免费租给养蜂人——朱尼叶先生，在顶层楼面上养了35箱蜂。

　　在中国，城市养蜂人甚少。其实，城市养蜂的好处多，市民在公园和绿地的花丛中能见到蜜蜂灵动的身影，这显示着城市生态环境良好。科学家建议人们应该"更多地去种植自然生长的蜜粉源植物和花花草草，允许不同的植物品种共同生长，与蜂共荣、和谐相处"。现在，城市绿化面积越来越大，有很多花草、树木，为城市养蜂提供了有利条件，因此，各地城市的养蜂爱好者不乏其人，应当像美国城市一样接纳人类的最好朋友——蜜蜂。应引起各级政府的高度重视。

中国香港特别行政区，人口高度密集，但这个亚热带海滨城市的温暖气候，显然更适宜蜜蜂的成长。香港人学习纽约，走在华人社会的前面，在用爱心养殖蜜蜂，用时尚包装蜜蜂，连接人与自然，从养蜜蜂开始回归土地。努力想让养蜂变成一种风潮。天台往往是空置的，而这里成为香港人绝佳的养蜂场所。位于中国香港特别特行政区牛头角一座商业大厦天台上的养蜂小农场，成为人们津津乐道的个案。

在城市能推广养蜂事业，还有很多工作要做，例如，科普宣传、技术指导、法律法规等，这是摆在地方政府面前的一大课题。假如养蜂事业能成功推广，实现都市田园的无缝对接；居民阳台上有水果蔬菜，微风里有果香飘逸、蜜蜂穿行，人们在生存之后开始拥有诗意的生活，便可成为最宜居的综合城市了。

蜜蜂是显花植物授粉的一支强大生力军，地球上80%的植物离不开昆虫传粉，而蜜蜂在授粉昆虫中占了80%。一旦蜜蜂消失，将意味着世界上将会有4万种植物繁育困难，全球1/3的农业受到严重影响，粮食危机必然加重。战争和瘟疫会随之而来。蜜蜂也是最完美的环境指示器，维持着自然界的多样性，平衡着健全的食物链。如果连蜜蜂都无法生存，可想而知，全球生态系统已被严重破坏到何种程度。其实，挽救蜜蜂就是挽救人类自己。

四、中老年人养蜂大有益处

随着我国人口老龄化的出现，大批中老年干部、职工将要从各自的岗位上退下来，离开奋斗几十年的工作岗位，难免会有孤独、寂寞或失落感。有人会选择下棋、玩扑克、闲聊来打发时光，有的会迷恋麻将，废寝忘食，通宵达旦。这样久而久之，当然不利于身体健康。那么，中老年朋友到底在有生之年干点什么好呢？我们建议不妨试试庭院养蜂，因为中老年人养蜂对身心健康大有益处。养蜂人健康长寿已被人们所公认，前苏联生物学家对高加索地区百岁以上的老人进行职业调查，绝大多数长寿老人是养蜂者。

据我国医学家和保健专家对10种不同职业人群长寿进行调查分析，依次是：①养蜂者；②现代农民；③音乐工作者；④书画家；⑤文艺工作者；

⑥医务人员；⑦体育工作者；⑧园艺工作者；⑨考古学家；⑩和尚。

人到老年，体力欠佳，养蜂不需要消耗太多的体力，查看蜂群，移动一下蜂箱，还是可以办到。要想掌握养蜂技术，可到书店买几本养蜂书看看。如果附近有养蜂师傅，那就更好，可与其交个朋友，随时求教。另外，要详细了解一下当地小气候和蜜源情况，掌握蜂群发展的规律和如何管理的技巧就可以养蜂了。刚开始可以少养点，以免失败丧失信心，待技术娴熟再多养些，一旦你爱上或迷上了养蜂时，就会全身心置于"蜜蜂王国"之中，什么孤独、寂寞、失落之感均会抛到九霄云外。不仅身体得到了锻炼，而且心灵也得到慰藉和满足（图3－11）。

图3－11　家庭养蜂，蜂富人生

离退休老干部、中老年职工在工作岗位上忙忙碌碌，艰苦奋斗了大半辈子，难免会有这样那样的病痛。养蜂之后，每天作息于鲜花盛开的大自然之中，空气清新，心情舒畅。经常开启蜂箱，呼吸箱中的气味，对一些疾病如感冒、咽喉炎等有预防和治疗作用，经常查看蜂群，难免被蜂蜇，蜂蜇后可提高机体免疫力和抵抗力，对36种疾病还有较好的治疗作用。蜂产品中的蜂蜜、蜂花粉、蜂胶、蜂王浆、蜂毒等，都是营养保健、治疗多种疾病的高级珍品，其实一个蜂场就是一个蜂疗诊所，就是一个蜂疗保健药房，不少人养蜂前有这样那样的常见病、多发病，养蜂后都得到了缓解和治愈。

陕西养蜂专家韩鸿先生一生酷爱养蜂，擅长古诗填词，虽已高龄，仍才思敏捷，他满怀激情地写道："种花种菜蜂家，喜山喜水生涯，咏月咏风闲话。客来问咱：正忙正看蜂衙。"

中老年朋友们，当你了解到养蜂竟然有如此之多益处时，难道不想也来参加这个甜蜜的行动，享受一下晚年养蜂的乐趣吗？

五、有条件的医疗机构养蜂大有作为

蜂疗和蜂产品在医学上的应用在我国有着悠久的历史，提倡生态文明的今天，更有着现实意义和迫切性。

我国幅员辽阔，气候适宜，蜜蜂资源十分丰富，具有发展养蜂生产和开展蜂疗得天独厚的优势。有条件的医疗机构特别是慢性疗养性质的若能办个小蜂场，鼓励医生业余养蜂，运用蜂产品医病除疾，既有利于医护人员的心身健康，又有利于"救死扶伤，实行革命的人道主义"。这项工作在俄罗斯及东欧国家早就得到重视和发展了。

图 3 – 12　陈恕仁教授在医院二楼养蜂

医疗机构办蜂场可仿效现时大学的后勤管理模式（图 3 – 12），例如，与养蜂专业户签订互益协议合同，医疗机构给养蜂者必要的支持，而货真价廉的蜂产品又能供应医疗单位用于防病治病，这种利国利民的举措肯定会受到欢迎。这项工作还可请各地养蜂组织牵线搭桥加以落实。

人们常说蜜蜂是人类健康的好朋友，是人类的医师和药剂师，一群蜜蜂犹如一个天然医院和制药厂。

近年来，鉴于某些化学合成药物对人体有严重的毒副作用，人们已经把注意力集中到天然药材上来，而蜂产品就是大自然赋予我们用来治疗人类许多疾病的最好药物。

　　蜂产品是食品又是医药的原材料，如蜂蜜、蜂王浆、蜂花粉、蜂胶、蜂幼虫、蜂毒、蜂蜡、蜂房以及蜂箱内的空气，对人体的保健及医疗作用已经引起了世界医药界的高度重视。

　　鉴于目前医疗费用昂贵，普通老百姓难以承受，如果采用蜜蜂疗法医治疾病，不仅花费很少，还可能获得意想不到的效果，这样的好疗法，何乐而不为呢？

　　由此看来，提倡养蜂是一种有益身心健康的极好活动，为了预防和医治疾病，应该倡导医护人员业余养蜂。所以说，医疗机构养蜂的确大有作为。

第四章

古今蜜蜂文化

第一节　古人对蜜蜂的认识

　　我们的祖先很早对蜜蜂就有了比较全面的认识，这从蜜蜂文字形成、古代对蜜蜂形态特征、生物学特性、蜂王、雄蜂、工蜂等众多生动的文字记载和描述中便可得知。

　　公元100—121年，许慎的《说文解字》解释"蜜"为"蜂甘饴也"，解释"蜂"为"飞虫蜇人者"，在这里许慎已将蜂会酿甜蜜、蜂会蜇人说得再明白不过。李时珍《本草纲目》释"蜂"为"蜂尾垂锋、故谓之蜂"。另外，据考古学查证，早在三四千年以前的殷商甲骨文中就有"蜜"和"蜂"的文字记载，而在1 300年前就出现"蜜蜂"两字连用。从上述的引例充分说明，我们古人对蜜蜂早就有所认识。

　　对于蜜蜂形态特征和生物学特性认识方面，我们祖先更有诸多绘声绘色的描述。成书于东汉的《神农本草经》描述了蜜蜂体色"其蜂黑色似虻"。李时珍《本草纲目》记载，"嗅花则以须代鼻"。此处描述表示了作者已观察到蜜蜂触角具有触觉和嗅觉的作用。公元1184年（南宋）罗愿《尔雅翼》记载："取花须上粉，置两髀"和《本草纲目》记载的"采花则以股抱之"，这里的"髀"和"股"皆指蜜蜂的大腿，说明我们的祖先已经知道工蜂是用其后足携带花粉。

　　更令人折服的是，3～4世纪（晋）郭璞在他撰著的《蜜蜂赋》中，生动地描述蜜蜂筑巢环境、采集习性、蜂巢结构、巢门朝向、守卫蜂巢、自然分蜂、酿制蜂蜜等生物习性及蜂产品的功效。这是我国最早的一篇较全面揭示蜜蜂王国奥秘的好文章。为了让读者也读到此文，现将全文转抄如下。

《蜜蜂赋》

　　"嗟品物之蠢蠢，惟贞虫之明族，有丛琐之细蜂，亦策名於羽属，近浮游于园荟，远翱翔乎林谷，爰翔爰集，蓬转飙迴。纷纭雪乱，混沌云颓，景翳曜灵，向迅风雷，尔乃眩猿之雀，下林天井。青松冠谷，赤萝绣岭。无花不缠，无陈不省，吮琼液於悬峰，吸絫津乎晨景。於是回鸾林篁，经营堂窟。繁布金房，叠构玉室，咀嚼华滋，酿以为蜜。自然灵化，莫识其术！散似甘露，凝如割肪，冰鲜玉润，髓滑兰香，穷味之美，极甜之长。百药须之以谐和，扁鹊得之而术良，灵娥御之以艳颜。尔乃察其所安，视其所托。恒据中而虞难，营翠微而结落。应青阳而启户，徽号明於羽族。阍卫固乎管钥。诛戮峻乎铁铖。招征速乎羽檄。集不谋而同期，动不安而齐约。大君总以群民，又协气於零雀。每先驰而茸宇，番岩穴之径略。"

这篇短而生动的说蜂古文译成现代白话文，意思大概是这样的：

啊！大地盎然万物之中要数蜜蜂是最聪明的群族。过着群居生活的小蜜蜂，虽出身于鸟虫之家族，它们却近访花草园林，远飞山川河谷。边飞边采集蜜汁，像旋转的蓬草，像纷飞的雪花，像混沌的残云，遮蔽了阳光，飞翔声响如雷，快如猿猴的飞鸟，飞落林间空地。漫山遍野的青松，遍布山岭的瑞草，蜜蜂无花不采，无处不到，从早到晚吮吸百花的甜汁。于是飞回远处的竹林，营造蜂巢，构筑密布的像金房玉室的蜂房，反复加工采来的蜜汁，将它酿成蜂蜜。这真是大自然的神奇造化，其中奥妙深置！

蜂蜜散开好似一滴滴甘露，凝结后像冻脂，犹如明洁的雪块和鲜润的玉石，有如兰花那样芳香，味美甘甜到极点。多种中药需用它来调和，战国时期的名医扁鹊得到了它，其医术更精湛。妇女用它涂擦脸部皮肤，其容颜更光彩艳丽。

小蜜蜂观察和选择安居地点，常寻找有所依托又安全之处安家筑巢。它们在青翠山林筑巢群居，团结勤奋在飞虫中有美好形象之称，门卫的严谨胜似上有铁锁，惩罚斥责严明胜过斧铖，招引征召的速度胜过羽毛信。集中用不着商量就能同时到达，行动无言语安排却能令行禁止。蜂王像君主统领万民似的统治，又能使之和睦相处、齐心酿蜜。经常带领众蜂护国安邦，要它们轮流治理本群所属的巢穴。

上述古籍中对蜜蜂的诸多文字记载，说明我们的祖先对蜜蜂的认识已有相当的水平。蜂和蜜是相伴的，他们在对"蜂"认识的同时，对蜂产品也自然有同样深度的认识。

远古时代，人类就开始从树洞或岩石中的蜂巢里猎取蜂蜜食用。在西班牙东部山里的一座岩洞中至今残存一幅壁画，画的是古代的西班牙人是怎样不畏艰险攀登到悬崖峭壁上猎取野生蜂巢蜂蜜的场景。据考证，这幅岩画是大约公元前7000年中石器时代刻画的，说明当时的人就知道蜂蜜可以食用，并知道到什么地方去采收它。在不知不觉食用蜂蜜中，人们发现此物不仅是甘甜的食品，而且还是养身治病的良药。在这方面我国则表现得更加突出，在历代医籍中有不少的记载。

第二节　医典中关于蜜蜂的记载

蜂蜜在我国传统中医药中有着举足轻重的作用，古代的医典中有大量关于蜜蜂和蜂产品的记载，当中还涉及很多有关蜂蜜、蜂毒的医方，下面举其一些主要记载。

（1）汉代问世的我国最早药典——《神农本草经》

收录365味药材，分为上品、中品、下品三类，将蜂蜜、蒲黄、蜂蜡、蜂子列为上品，并指出："蜂蜜味甘、平、无毒，主心腹邪气，诸惊痫痉，安五脏诸不足，益气补中，止痛解毒，除百病，和百药，久服强志轻身，不饥不老，延年"；香蒲花粉，名曰蒲黄，"味甘平，消瘀、止血，聪耳明目"；"主治心腹寒热邪气，消小便，消瘀血久服轻身，益气力，延年"；"蜂蜡味甘、微湿，主下痢脓血，补中、续绝伤金创，益气，不饥耐老"；"蜂子味甘、平；主风头，除蛊（最毒的虫子）毒，补虚羸伤中（内脏），久服令人光泽，好颜红不老"。

（2）20世纪70年代

我国湖南长沙马王堆汉墓挖掘出土的公元前3世纪汉代帛书《五十二病方》中，就有应用蜂子和蜂蜜治病的配方。

（3）1972年

在甘肃武威旱滩汉墓出土的东汉（25—88年）武威医简《治百病方》，记载36种医方中的多种丸剂用蜂蜜配方。这些配方迄今仍被沿用，十分灵验。

（4）后魏贾思勰《齐民要术》

书中记述了用蜂蜜酿造食醋的方法。蜜苦酒法：水一石，蜜一斗，搅使调和，蜜盖瓮口。著日中，二十日可熟也。

（5）医圣张仲景（150—154年）

著《伤寒论》中提出"蜜煎导方"主治便秘，是世界上最早的蜂蜜栓剂处方。

（6）养生保健先驱兼医药学家晋代葛洪（284—363年）

著《抱朴子》和《肘后备急方》中，记有蜂蜜外用处方：五色丹毒，蜜和甘姜敷之；目生珠管，以蜜涂目中，仰卧半日乃可洗之，生蜜佳；汤火灼已成疮，白蜜涂之，以竹中白膜贴上，日三度。

（7）著名医学家陶弘景（452—536年）

在其著《神农本草经集注》中指出"蜂子酒渍，敷面，令人悦白"。

（8）百岁名医甄权（541—643年）

著《药性论》记载蜂蜜"常服面如花红"，"神仙方中甚贵此物"。

（9）著名医学家孙思邈（581—682年）

著《千金药方》，他在总结前人经验基础上提出蜂蜜可治疗咳嗽。

（10）明代大药学家李时珍（1518—1593年）

著《本草纲目》中对蜂蜜医治疾病功效概括为：清热也，补中也，解毒也，润燥也，止痛也。生则性凉，故能清热；熟则性温，故能补中。甘而和平，故能解毒；柔而濡泽，故能润燥。缓可去急，故能止心腹、肌肉、疮疡之痛；和可以至中，故能调和百药，与甘草同功。花粉具有"凉血，和血，止心腹诸痛"作用；对蜂蜡作以单一词条阐述，并还用于药丸赋形，如三黄宝蜡丸，以及外用涂布油膏等；还为蜂房和蜂子单立词条，并扩展治验附方。

（11）宋应星的《天工开物》（1637年）

书中记载："凡酿蜜蜂，普天皆有，唯蔗盛之乡，则蜜蜂自然减少。蜂造之蜜，出山崖土穴者，十居其八，而人家招蜂造酿而割取者，十居其二也。凡蜜无定色，或青，或白，或黄，或褐，皆随方土、花性而变。凡蜂不论于家、于野，皆有蜂王。王之所居造一台，如桃大。王生而不采花，每日群蜂轮值，分班采花供王。王每日出游两度（春、夏造蜜时），游则八蜂较值以待，蜂王自至孔隙口，四蜂以头顶腹，四蜂傍翼，飞翔而去，游数刻而返，翼顶如前。畜养家蜂者，或悬桶檐端，或置箱牖下，皆锥圆孔眼数十，俟其进入。……南方卑湿，有崖蜜而无穴蜜。凡蜜脾一斤，炼取十二两。西北半天下，盖与蔗浆分胜云。"

（12）彭大翼的《山堂肆考饮食卷二》

书中，记载唐代女皇武则天嗜爱花粉成癖，采得花粉以醋及药水调和，加工成"花粉糕"，并赐群臣，自己常食花粉，年过八旬，精神饱满。

（13）方以智（1611—1671年）

在《物理小识》第五卷中介绍利用"药蜂针"的方法，"取黄蜂之尾针，合硫炼，加水麋为药，置疮疡之头，以火点而炙之"。后被赵学敏（1765年）收录于《本草纲目拾遗》第10卷中，列入传统医学之列。

（14）我国卫生部编纂的《中华本草》

书中，列举蜂胶具有八大功效：抗病原微生物；镇静、麻醉及其他神经系统作用；促进组织修复；心脑血管系统的影响；保肝作用；抗肿瘤作用；其他作用（消除自由基、促进新陈代谢、调节内分泌）；无毒副作用。

上述列举的是有关蜂蜜、蜂毒的医方、医术，充分说明我国从古代医学界便已经认识到蜂蜜等蜂产品的医疗价值，并已在临床上应用它治疗一些疾病。这些医方、医术不仅是我国医学的遗产，也是医学文化的瑰宝。

第三节　名人与蜜蜂的不解之缘

蜜蜂与人类生活密切相关，是自然生态链中不可或缺的重要一环。古往今来，许多中外名人对蜜蜂都怀有深厚的情结，他们当中不乏政治家、科学家、文学家、艺术家等。其中的科学家中最有代表性的是法国昆虫学家法布尔。同时又为文学家的法布尔，是第一位在自然环境中仔细观察动物的科学家。在法国他那座花园中，花了40年的光阴，观察蜜蜂和黄蜂的生活，提出确证，说明了昆虫行为的复杂性，使全世界惊异不已。他花了将近20年的时间写成了《昆虫记》一书，不仅在70年前出版时引起震动，成为不朽名著，迄今仍受到广大读者的欢迎。

另一位欧洲文学家是英国文艺复兴时期伟大的剧作家、诗人莎士比亚。他写过许多赞赏蜜蜂的诗歌，对蜜蜂的描写可谓生动有趣。莎士比亚《亨利五世》对蜜蜂生活的生动描述。

它们是一个王国，

还有各式各样的官长，

它们有的像郡守，管理内政，

有的像士兵，把刺针当作武器，

炎夏的百花丛成了它们的掠夺场；

它们迈着欢快的步伐，满载而归，

把胜利品献到国王陛下的殿堂。

国王陛下日理万机，

正监督唱着歌建造金黄宝殿的工匠；

大批治下臣民，在酿造着蜜糖；

可怜的搬运工背负重荷，

在狭窄的门前来来往往。

脸色铁青的法官大发雷霆，

把游手好闲直打瞌睡的雄蜂送上刑场……

欧洲的几位革命导师都先后盛赞过蜜蜂，例如下面的文字。

（1）马克思曾指出

"在蜂房的建筑上，蜜蜂的本事还使许多以建筑为业的人惭愧。但是，使最拙劣的建筑师和最巧妙的蜜蜂相比显得优越的，自始就是这个事实：建筑师在以蜂蜡构成蜂房以前，已经在他的头脑中把它构成。"

（2）恩格斯对蜜蜂评价

"能用器官工具生产的动物。"

（3）列宁指出

"蜜蜂终日繁忙，辛勤地往来在蜂巢和蜜粉源之间，是从不浪费点滴时间的劳动者，是可靠的向导。"列宁曾于1919年4月11日亲自签署了"关于保护养蜂业的决定"。

我国很多国家领导人和名人也对蜜蜂有过精彩的赞美，例如下面的文字。

（4）周总理

1958年7月在广东视察时对记者说"你们记者，要像蜜蜂，到处采访，交流经验，充当媒介，就像蜜蜂采花酿蜜，传播花粉，到处开花结果，自己还酿出蜜糖来。"1975年西藏自治区成立十周年的时候，周总理嘱托华国锋同志把《养蜂促农》科教影片带去，并说："《养蜂促农》这部科教片很能启发人的思想。"

（5）邓子恢副总理

1959年12月9日采纳王吉彪、孔繁昌等同志的建议，把养蜂列入《全国农业发展纲要》修正草案。

（6）朱德委员长

1960年1月指出："养蜂事业，仅就它的直接收益来说，就高于一般农业的收益，但更重要的是它对农业增产有巨大的作用，蜜蜂是各种农作物授粉的'月下老人'……我国现在养蜂的数量是很不够的，因此，发展养蜂将成为农业增产除'八字宪法'以外的又一条途径。蜜蜂又是人类的'健康之友'。它的产品蜂蜜是极好的营养品，已经证明可以治疗多种疾病，另一种新产品'王浆'，能使衰弱的人增强体力，还能治疗糖尿病、癌症、肿瘤病等。此外，蜂毒对治疗风湿病和风湿性关节炎有异常显著的效果；蜂胶对治疗鸡眼、胼胝、遮疣病和寻常疣也有比较好的效果。据说，以上产品的医疗性能，近年来，苏联和欧美许多国家都在着力研究，我国也在研究，并且有了重要的结果。"

朱德委员长 1960 年 2 月 27 日还指出："蜜蜂是一宝，加强科学研究和普及养蜂，可以大大增加农作物的产量和获得多种收益（图 4-1）。"

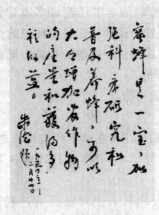

图 4-1　朱德委员长的题词

（7）1960 年 11 月 27 日革命老前辈徐特立

他在视察养蜂研究所题词："多快好省地发展我国养蜂科学，更好地为发展我国养蜂事业服务。"

（8）1960 年著名作家杨朔的《荔枝蜜》

文章里称赞："多可爱的小生灵啊，对人无所求，给人的却是极好的东西。蜜蜂是在酿蜜，又是在酿造生活；不是为自己，而是在为人类酿造最甜的生活。蜜蜂是渺小的；蜜蜂却又多么高尚啊！"

（9）原全国人大副委员长、著名诗人郭沫若

1961 年 11 月 10 日视察凤院"蜜蜂大厦"后题词《游凤院果树园》："晨兴来凤院，桔树八千章。袅袅风枝重，累累果实黄。颂君怀正则，奴汝笑荒伧。想见花开日，游蜂必甚狂"。《中国蜂业》杂志前身《中国养蜂》刊名 4 个字也是郭老 1963 年题写的。

（10）1976 年著名数学家华罗庚教授

研究蜂房后，用诗词写道："往事几百年，祖述前贤，瑕疵讹谬犹盈篇，蜂房秘奥未全揭，待咱向前。"经探讨后地结论认为：以蜜蜂的身长腰围为准，则现有蜂房结构才是最省材料的形状。华罗庚还编著了《谈谈与蜂房结构有关的数学问题》一书。

（11）2002 年 7 月 5 日著名经济学家于光远

他指出：蜂产品是天然营养保健佳品，对提高人类健康水平具有重要作用；蜜蜂授粉是农业增产，农产品品质改善的重要措施；同时，养蜂业还是安置城镇下岗职工和农村富余劳动力就业，增收致富的重要途径。衷心希望蜂业界的同志们，把党和国家赋予你们的"发展蜜蜂产业"，这一利国、利民的重任抓好。

此外，越南共和国原主席胡志明 1964 年 6 月亲临广东省从化市农科所考察"地下蜂室"，并向从化市购回大批蜂种，同时还聘请了养蜂顾问。

第四节　诗词歌赋、历史典故中的蜜蜂

中华文化博大精深，渗透了不少与蜜蜂有关的文化，如在汉语成语中的"蜂拥而至"、"蜂合豕突"、"众多成群"等。古代不少诗、词、典故都用蜜蜂的生活方式为题材，以描写蜜蜂的行为折射社会现象和抒发作者的情怀。其中以唐代罗隐、李商隐、宋代苏轼的作品流传较广。明、清代一些画家也以蜂为题材作画。

一、战国、唐宋时期诗词

（1）战国时期

屈原在《楚辞·招魂》中，有这样的诗句："瑶浆蜜勺，实羽觞些。""瑶浆蜜勺"和"米巨米女蜜饵"（即以蜜酿制蜜酒；用蜜和米面制作蜜糕）；《天问》中写有"蜂蛾微命，力何固？"意思是：蜂蚁那样的小生命聚集在一起，力量为何如此强大？

（2）唐代罗隐诗人

于公元 874 作《蜂》一诗：不论平地与大山，无限风光尽被占。采得百花成蜜后，为谁辛苦为谁甜"（图 4 - 2）。

（3）唐代诗人李商隐

在《无题》有这样的名句："春蚕到死丝方尽，蜡炬成灰泪始干"（蜡炬即用蜂蜡做的蜡烛）。在他被贬时，留下"栎林蜀黍满山岗，穗条迎风穗异香，借问健身何物好？天心摇落玉花黄"的诗（玉花黄这里指玉米花粉）。

（4）唐代诗人孟浩然

在《蜜蜂》诗句："燕入巢窝处，蜂来造蜜房。"意思是：燕子筑巢的邻近之处，蜜蜂也造起了酿蜜的蜂房。

不論平地與大山 無限
風光盡被占
采得百花成蜜
后 為誰辛苦為誰甜

唐代羅隱詠蜂詩 曾盉于王陵平深秋

图4-2　蜜蜂古诗国画

（5）唐代诗人杜甫在

《徐步》和《秋野》诗中，曾用如下诗句描述蜜蜂：

"花蕊上蜂须"；"风落收松子，天寒割蜜房"。意思分别是：蜜蜂的绒毛上沾满花粉及风停了，收拾花粉，天寒了，采割蜂蜜。

（6）唐代诗人柳宗元

在《天对》中用"细腰群蚩，夫何足病"的诗句描述蜂蚩。即一群细腰蜜蜂的蚩刺。有什么值得担忧呢？

（7）宋代诗人王安石

在《北山暮旧示道人》的诗句。

千山复万山，

行路有无间。

花发蜂递绕，

果垂猿对攀。

意思是：群山起伏复连绵，行路有阻行路难，花开时节招蜂采，果熟群猴争相攀。

（8）宋代诗人苏轼

有大量有关蜜蜂的文学作品，录几则供大家欣赏。

《安州老人食蜜歌》中这样写：

安州老人心似铁，老人心肝小儿舌。

不食五谷惟食蜜，笑指蜜蜂做檀越。

蜜中有诗人不知，千花百草争含姿。

老人咀嚼时一吐，还引世间痴小儿。

小儿得诗如得蜜，蜜中有药治百疾。

正当狂走捉风时，一笑看诗百忧失。

东坡先生取人廉，几人相欢几人嫌。

恰似饮茶甘苦杂，不如食蜜中边甜。

因君寄与双龙饼，镜空一对双龙影。

三吴六月水如汤，老人心似双龙井。

这是苏轼给僧人仲殊的诗。仲殊，名张挥，安州人，世居钱塘，他不吃五谷杂粮，以食蜜蔬菜为主，诗中借介绍老人吃蜂蜜的习惯，称誉老人的人品和诗作。

苏轼嗜茶，人所共知；但苏轼爱食蜂蜜，知道的人就少了。他是在流放黄州和惠州时，曾养过蜜蜂，因而深爱之。仲殊和尚与苏轼的嗜好相同，两人都爱食蜂蜜，因而"臭味相投"，一见如故，成为好友。仲殊和尚用餐时，喜欢先把素菜浸于蜂蜜中，或以蜂蜜蘸菜后才吃，他人都很嫌弃，不愿与仲殊和尚共餐，唯独苏轼与仲殊和尚嗜同味合，一同进食甚欢。

苏轼《蜜酒歌》：

脯青苔，炙青莆，烂蒸鹅鸭乃匏壶，

煮豆作乳脂为酥，高烧油烛斟蜜酒。

苏轼《木兰花令》词上片云：

垂柳阴阴日初永，蔗浆酪粉金盘冷。

帘额低垂紫燕忙，蜜脾已满黄蜂静。

最后一句的"蜜脾"和现代叫法一样，指蜜蜂以蜂蜡造成片巢房，其形状象"脾"故名。黄蜂指黄色蜜蜂，应该是避免同一句使用两个蜜字的修辞问题，不会指胡蜂，因为胡蜂不采蜜。

苏东坡一向有丰富的想象力，对于蜡梅的由来，更有生动有趣的解说，《蜡梅一首赠赵祝视》诗云：

天工点酥作梅花，此有蜡梅禅老家。

蜜蜂采花作黄蜡，取蜡为花亦其物。

（9）宋代诗人陆游

在《见蜂采桧花偶作》中写道：

来禽海棠相续开，轻狂蛱蝶去还来。

山蜂却是有风味，偏采桧花供蜜材。

意思是：沙果海棠花相继开放，轻狂的蝴蝶飞去又飞回。可是小小蜜蜂却不一样，偏偏采桧树花把蜜酿。

（10）宋代诗人欧阳修

擅以花粉延年，并向皇帝宋仁宗奏报："欲知却老延龄药，百草摧时始见花"；"我有一樽酒，令君思共倒，上浮黄金蕊，送以清香袅，为君求朱颜，可以却君考。"

二、元明清时期关于蜜蜂的诗词与著作

（1）元代文学家戴表元

在《义蜂行》中写道：

山翁爱蜂如爱花，山蜂营蜜如营家。

蜂营蜜成蜂自食，翁亦借蜜裨生涯。

（2）文学家吴承恩

在诗《咏蜂》中写道：

穿花度柳飞如箭，粘絮寻香似落星。

小小微躯能负重，嚣嚣薄翅会乘风。

（3）《蜂衙小记》

它是清代一部养蜂著作，这是鸦片战争之前，最后一部描写蜂群生活的著作。作者郝懿行（1755—1823），山东栖霞人。作者官至户部主事，长于训诂考据之学，是清代著名经学家、训诂学家。《蜂衙小记》收在《赫氏遗书》（清嘉庆至光绪年间刊刻），有光绪五年（1879）刻本，具体写作年代不可考。刻书正文前有一小序："昔人遇鸟啼花落，欣然有会于心；余萧斋岑寂，闲涉物情，偶然会意，率尔操觚，不堪持赠，聊以自娱，作《蜂衙小记》十五则。"简要地说明了他写作《蜂衙小记》的背景与动机。

序中所提"《蜂衙小记》十五则"，包括：识君臣、坐衙、分族、课蜜、

试花、割蜜、相阴阳、知天时、择地利、恶蜇人、祝子、逐妇、野蜂、草蜂、杂蜂。全书约 1 700 字，文字简明扼要，类似现在的科学小品。但内容却较充实，涉及有关蜜蜂及养蜂的诸多问题，对今天仍有参考借鉴作用。

蜂喜聚群而居，在"坐衙"以封建王朝的君臣关系为喻，描述了蜂群的这种特性："蜂所居曰衙，色如凝脂，蜜过莲房，千门万户，累累如贯，亦号蜂房。"蜂衙中有蜂王，"王坐衙则群响应"，朝则"群蜂皆起飞翔户外"，暮则回衙，指明了蜂群是许多蜂组成的既有分工、又相互依存的有机整体。

养蜂首先要选择好场地，注意周围的环境条件。该书"择地利"中提出："蜂所居必吉地"，即适宜养蜂的场所，使蜂如同进入"乐土"一样，然后才能"定居"。场地宜靠近蜜源植物，地势高爽，开朗，通风，清洁；还强调"凡蜂所居每十余日必为打扫，不则生虫蛊"。这些仍是现代养蜂所必须注意的。

作者在"试花"一则中写道："蜂之恋花尤甚于蝶，凡花初开，其中有一点甘露芳馥之气，蜂虽远无不闻，闻则糜至，蕊未吐乃穴而入，借露濡体，还裹其花，复穴而出，则体尽黄。……尤勤者贪裹不出，至体累垂不能举，足股皆满。"因为蜂采蜜于花无损"，人们并不厌恶它，乐于"听蜂声满院，与禽声互答"。形象逼真地描绘了蜜蜂采花蜜的生动情景。

收集蜂蜜是养蜂工作中的重要一环。作者在"割蜜"一则中说："蜂善偷花，人善盗蜜"，人"盗"蜜的办法是"先用艾火熏之，蜂则避聚一处守其蜜。而不知人以盗之矣"。割蜜还要选择，"善割者"注意不使蜂受伤，还应"无令其尽""必留数停，使足御冬，名曰蜂粮。"如将蜜取尽，蜂群就会冻饿死亡。

作者生活在封建社会末期，由于受时代的局限，他的著作中也有非科学和封建迷信的内容，如"知天时"中说："蜂忌老人，如有老人之家蜂乃不蕃"；"祝子"中又说："蜂，祝而生者也。"即经常祷告蜂群才能繁盛。但综观全书仍不失为较有价值的养蜂专著。

（4）明、清时期

有一些画家用蜜蜂为题材作画，其中以明代的姜泓的蜜蜂凤仙图、吴友如的花草蜜蜂图为佳。

第五节　蜜蜂与佛典故事

蜜蜂早就受到人类的关注，与宗教有着某种千丝万缕的联系。世界几大教的典故中都提及蜜蜂，都备受尊崇。蜜蜂后来引起人类的关爱和利用，应归功于它对大自然的杰出贡献和智慧的社会性生活，其功德和经典，一直被人们传诵和引用。佛典有一则关于蜜蜂的精彩故事，不妨一读。

旭日缓缓升起，照亮了大地。比丘们早在太阳射出第一道霞光前，已经开始一天的精进修行。佛陀经常慈悲垂示弟子：修行要有所成就，必须发精进勇猛的道心，不断思惟所听闻的道理，反复薰修，使其根深蒂固；不但如此，还要身体力行地落实，才能渐渐破除自己劫来的烦恼与染垢，恢复本来清净的法身。

有一天，佛陀对大众开示了一桩发生在很久以前的故事……

有一位已得大觉悟的佛，法名为"一切度王"，降到人世讲说法旨要义。这时有两位比丘，一位名叫"精进辨"，一位名叫"德乐止"，他们一起到一切度王的座前听法要。法会上聚集的大众，上至诸天天人，下至大地一切众生，都前往聆听，会场充满了祥和与光明。

精进辨比丘专注听说法，刹那间忽然彻悟，当下证得菩萨的果位，具足了六大神通。一旁的德乐止比丘，总是提不起精进修行的动力。精进辨走到苦撑着眼皮的德乐止面前说："德乐止！德乐止！别再睡了！千万亿年之久，才能遇到佛陀住世，因缘实在难遇，要赶快修行。如果让时间从瞌睡中空过，这辈子如何解脱生死呢？要时时自我勉励，早求明心见性才是。"

德乐止听了有些省悟。日后，常见他抖擞精神地在菩提树下修行。但是，时间久了，眼皮又沉重了，瞌睡虫好像挥之不去的苍蝇一般，实在很难克制。德乐止为了治想睡的烦恼，于是走到泉水边的石头上结跏趺坐。他认真地端正姿势，调整呼吸，告诉自己："这次绝对不再睡了！"渐渐地，睡魔又悄悄占据心头，身体开始晃动，这正巧被精进辨看到。

精进辨知道德乐止是在努力的改变自己，但由于累生累劫累积的习气非常厚重难除。精进辨显发神通，化身为一只蜜蜂王。它鼓动着小翅膀，发出嗡嗡的声音，朝着德乐止的眼睛直飞过去，好像就要蜇他的眼睛似的。德乐止勉强地与瞌睡进行拉锯战，眯着的双眼忽然一睁！又开始用功。

　　渐渐地，他又想睡了！蜜蜂王俯身下飞，从他的袖口飞进去，从腋下钻到胸腹，小力刺了他一下。

　　"啊！好痛！"德乐止感觉到痛楚，一下子惊醒过来，精神陡然振作。

　　那只蜜蜂从袖口飞出，停在附近一朵花上。水边花儿娇美的绽放着，浓郁的馨香随风飘来。蜜蜂王停在鲜粉色的荷花瓣上，吸食着甘甜的花蜜，饱食后的它假装睡着了。风徐徐吹过，花儿迎风摇曳，蜜蜂王连翻带滚地掉落到泥沼中，又奋力飞出泥沼，将身体洗净。德乐止见着这般情景，心中忽然有些体会，他向蜜蜂王说了一偈：

　　如何堕泥中，如是为无黠。

　　自污其身体，败其甘露味。

　　不宜久住中，求出则不能。

　　尔乃复得出，如是甚勤苦。

　　蜜蜂王听了，便飞上花瓣，对德乐止也说了一偈：

　　佛者譬甘露，不当有懈怠。

　　五道生死海，爱欲所缠裹。

　　日出众华开，日没华还合。

　　值见如来世，除去睡阴盖。

　　深法之要慧，其现有智者。

　　善权之所度，而现此变化。

　　听闻无厌足，无益于一切。

　　譬如堕污泥，无智为甚迷。

　　譬佛之色身，世尊般涅盘。

　　当勤精进受，莫呼佛常在。

　　不以色因缘，当知为善权。

　　有益不唐举，亦以一切故。

　　惭愧的德乐止听了，心中大放光明，才知道蜜蜂是菩萨的化身。终于明白，蜜蜂王作势蜇他，是为了帮助自己提起修行的道心；而示现贪吃、昏沉、陷于泥沼，是为了让自己明白不认真修行的果报，好比现在自己的处境一般。德乐止由衷地感恩蜜蜂王的巧智，真正是菩萨的大慈大悲，处处引导着自己向前迈进。此刻，德乐止已不再为昏沉烦恼所障碍，每天认真禅坐、经行、精进不懈，很快就证到圣人果位。

　　释迦牟尼佛说："其实，精进辨就是我的前生，德乐止就是弥勒尊佛。"

　　这则精彩的蜜蜂故事，会引起我们些什么思考？在昆虫大家族中，在动物大千世界中，这则故事为何就只选上蜜蜂？

其实，佛教与其他宗教一样，都是倡导伦常、道德、善行、爱心、慈悲。佛教的核心道德价值是"利他"的，即"无我"精神，这正与蜜蜂精神契合。在"无我"精神世界中，蜜蜂是人类的榜样。蜜蜂王国所有"公民"的等级和分工都格外明显，每个成员都在努力工作，所有的工蜂都是利他主义者或叫集体主义者。为了群体利益，勤劳奉献一生，甘愿放弃生育，缩短自己寿命。雄蜂虽然"游手好闲"，但为了繁衍后代也作出了巨大牺牲，而且十分悲壮。而蜂王虽然吃得好，寿命长，但她担负着生育机器和最高统帅的重大责任。生物群中甘愿如此牺牲的例子真是少见，令人赞叹不已，而蜜蜂就能做到这一点。

蜜蜂对于人类，更是利他主义者。通过授粉大幅度地提高农作物的产量和品质，保障人类食物来源。蜂产品犹如一个丰富的营养库，改善人类的生活和健康水平。

鲁迅曾赞扬过牛的奉献精神："吃得是草，挤出来的是血和奶"，而蜜蜂连草也不用消耗，只采花粉，为全世界的植物、动物、人类的食物链，作出了不可替代、不可磨灭的巨大贡献。这种极低消耗和污染——几乎为零的物种，全世界罕见。

蜜蜂精神，在当下突显"生态文明建设"和"反腐倡廉建设"中，应大力、广泛、持久地宣传。

第五章

蜜蜂的高科技应用

第一节　蜜蜂与现代科技

一、蜜蜂高超的飞行技巧

蜜蜂是一架奇妙的微型"飞行器"，它的飞行技巧堪称世界一流。它可在狭小的半径内盘旋，能在风驰电掣般的飞翔时急停，能悬空定点，甚至还能倒飞逆行；它能在瞬间起落却不需要助跑滑行，有时还能倒冲落地。如此高的飞行特技不得不令人发出惊喜的赞叹。

蜜蜂的飞行绝技是经过1亿多万年来进化和演变所取得的成果。蜜蜂不仅是地球上第一批解决了艰难飞行问题的动物，而且也是唯一一种生成翼翅而未损失其他运动器官的动物。蜜蜂的翅膀好像是由材料力学专家精心为它量身设计和定做的——既轻盈又牢固，几乎达到了登峰造极的地步。两片精巧透明的角质薄膜紧绷在纤细而坚固的翅脉上，组成一个既坚实又灵活的翅面，飞行时受力最大的翅翼前缘由较粗的翅脉支撑，这翅脉逐渐变细直至完全隐没。翅翼的后缘薄到只有卷烟纸的厚度。翅脉的脉序也相当讲究，基本上都是简单的纵向翅脉。正是由于这样的纵向排列，可让翅膀承受最大的张力。

蜜蜂能自由飞翔的另一个独特之处还在于发动功能的肌肉藏在胸廓内。正因如此，蜜蜂的翅膀1秒钟能扇动300次，而鸟类飞行最高纪录的保持者——蜂鸟，每秒钟翅膀拍打的次数则不超过50次。

蜜蜂的后翼变成了两只微小的平衡器，隐匿在前翅的后面。小平衡器能与翅翼同时振颤，不时参与飞行控制。蜜蜂可将翅膀产生的动能储存在胸部的弹性组织内，然后在每次振翅之际适时地释放。这套唯一依赖胸部弹性的振动系统的主要优点是，能获得很高的肌肉伸缩频率，这一点是动物界其他成员都望尘莫及的。

蜜蜂高速飞行需要大量的氧气，这只有靠蜜蜂20个气门的特殊呼吸系统——气管系统来提供。氧气由肋部许多气门摄取，然后通过纤细的气管输入机体。这些纤细的气管有无数直接与细胞相连的分支。因此，氧气循环的更新非常迅速，这种既无肺又无血红蛋白的"直接呼吸"，只有躯体很小的蜜蜂才能办到。

二、蜜蜂飞行方向的辨别

蜜蜂飞出数千米之外去觅食或采水是靠什么来辨别方向呢？科学家从鸽子的远距离飞行不迷航中得到启迪，研究蜜蜂是否有鸽子头部中的磁性物质。结果，科学家们在蜜蜂的腹部找到了一些由磁性材料构成的颗粒。这就像徒步旅行者利用一张带有罗盘的地图确定方向一样，原来蜜蜂也是利用自己身上的磁性物质来辨别方向，指引自己追逐花蜜和归巢。

科学家研究发现，蜜蜂体内的磁铁颗粒表面包覆着一层膜，再由蛋白质组成的骨架"悬吊"在细胞质中。随着地球每一点磁场不同的变化，使磁铁粒子发生膨胀或收缩，牵动骨架，将信息由紧密相连的神经纤维传送到脑部经脑部综合分析作出决定，从而具有判断准确飞行方向的能力。

三、蜜蜂靠光流测量距离

科学家发现，蜜蜂可能无法直接判断距离，而是通过自己飞过了多少景物来估算的。他们发现蜜蜂是通过光流来判断距离的。光流是指观察者的位置发生变化时，周围景物显示出的移动量。景物离观测者越近，其光流就越大，如火车上的乘客会感觉路边的树木移动得比远处的山要快。科学家们训练了一些蜜蜂，让它们飞过一条8米长的管道找到食物。管壁与蜜蜂的距离比平时觅食过程中的景物近得多，产生的光流也大得多。从未经历过这种情况的蜜蜂按照以往的经验进行判断，结果大大夸大了实际距离。

科学家仔细观察还发现，蜜蜂会用摇摆舞的方式向同伴传达食物的方位信息，摇摆的频率代表距离，这些飞过管道的蜜蜂返回蜂巢后，用摇摆舞传达出的这一信息是食物约在72米外，而不是实际的8米。其他蜜蜂根据这一信息飞往食物所在的方位时，如果不通过管道而是在普通环境中飞行，就会飞出70多米远。

四、蜜蜂的"气味语言"

蜜蜂的群居、婚飞、分蜂、团聚和出外觅食等活动，都是在特殊的气味控制下进行的。得益于微量分析化学的发展，人们现已发现蜜蜂确实能借助气味物质来进行"交谈"。这种气味信息传递的方式叫做化学通信，携带这种信息素的物质传信素叫做外激素，广泛存在于同种或异种不同个体之间，前者叫做同种传信素，后者称为异种传信素。

1. 蜂王、工蜂的外激素

蜂王上颚腺分泌的外激素叫蜂王物质，成分很复杂。这种外激素能吸引分蜂群中飞行的工蜂追随蜂王，能使蜂群去筑造蜂王台培育新蜂王，能引诱雄蜂和刺激雄蜂发情。工蜂臭腺分泌出来的外激素，具有特殊气味，被称为标识性气味。标识性气味通过空气传播，蜜蜂能凭嗅觉感觉到。

2. 警戒激素——报警信号

这是一种能激起蜜蜂警戒、逃避或主动防卫的物质。当人一旦挨了一只蜜蜂的蜇刺，不但蜇刺留在人皮肤里，同时还有另外一种物质，这种物质就是通过工蜂蜇刺散发出来的外激素——报警激素。报警激素也是通过空气传播，它能激起工蜂活跃和警惕，引起蜇刺行为。

3. 蜜蜂与花的"交谈"

很多种蜜粉源植物的生长与蜂群之间有着非常密切的关系，植物往往以其鲜艳的花色和"美味佳肴"来吸引蜜蜂，但是，它诱惑蜜蜂除了花色美味之外，还主要依靠馥郁的花香，花就是通过花香来和蜜蜂直接进行"交谈"。

五、蜂巢的空调

蜜蜂是变温动物，体温会随着外界气温的变化而变化。但蜂巢却如同一个装有"空调"的房间，尤其在其繁殖后代的时候，蜂巢内维持相对较高的温度。德国科学家还发现了蜂巢中"空调"的奥秘。据德国《科学画报》杂志报道，动物学家布丽吉特·布约克观察发现，35～36℃是最适宜蜂卵孵化的温度。但蜜蜂是变温动物，体温会随着外界温度而变化，因而难以达到这一温度。

为此，工蜂承担了发挥"空调"作用的重任。一旦蜂巢内的温度开始降低，它们就会展开翅膀运动其肌肉系统，借此提升胸腔的温度，依靠这些热量来维持蜂巢的温度。与此同时，它们还会"挤压"蜂巢上的小单元格，增加蜂巢的密封性能，减少热量散失。布约克指出，蜜蜂做的这种肌肉系统的运动和飞行时的振动是不同的，不会如同风扇般加速空气流动而散热。

人们已经知道，蜜蜂在过冬的时候会互相聚拢结成球形团在一起，使蜂团的散热面积减小，并且球体内部和外部的蜜蜂会不断交换位置，共同抵御寒冷。这表明，蜜蜂还有新的内在调温机理，而且这个过程如同人体般精确。

六、蜜蜂与信息素灭虫

科学家发现，信息素（即性外激素，由动物体释放出的一种挥发生物活性物质）在变成环境媒介后，对另一些同类动物的单体活动和动情状态具有特殊的影响作用。如微量的性外激素，就足以诱惑雄性昆虫逆风向雌性飞去。这种信息素原来是受母蜂变工蜂的启示。德国人普朗克做了一项变换幼蜂的试验：从蜂房取出会变成母蜂的幼虫放入人工蜂房，从工蜂房取出幼虫放进母蜂房。结果，由于营养适当，工蜂幼虫变成了能生育的母蜂，而原来注定会变成母蜂的幼虫变成了不能生育的工蜂。科学家根据这一发现制成了人工合成信息素，用于干扰昆虫的正常信息，使"动情"急于交配的昆虫完全迷失方向，大大降低其交配率，也能把它们控制在最小范围内，以便集中杀死。

七、蜜蜂与蔬果质量鉴定

英国的科学家正在进行一项利用蜜蜂来鉴定输送带上水果是否新鲜的实验，如果效果良好，这一方法将可为超级市场解决鲜果品质鉴定问题提供一条新的途径。方法是将输送带上水果散发的气味吸入供蜜蜂鉴别，依据分析蜜蜂口中吐出的分泌物，就可表明鲜果的品质是否合乎标准。品质鉴定中心的人员对比电脑中的资料，便可剔除不合格的蔬果。

八、蜜蜂与战争

在昆虫世界里，蜜蜂最具灵性，与人类的关系也最为密切。蜜蜂具有极强的群体性，当它们团结一致对敌时，能显示出极强的攻击性。蜇针就是蜜蜂攻击敌人的最好武器。古今中外的许多兵家，利用蜜蜂的这一特点，曾设计出许多"蜜蜂士兵"和"蜜蜂弹药"，创造了出奇制胜的战果。

最先设计出"蜜蜂士兵"的并不是叱咤风云的帝王将帅，而是普鲁士城一群手无缚鸡之力的修女。1 000多年前，普鲁士城被一伙流窜而过的敌方散兵游勇洗劫一空。这天当这些残兵围攻一个修道院时，聪明的修女们想了一个奇妙的办法。她们捅开院内数百个蜂窝，顿时数以千万计的蜜蜂愤怒地冲向敌人，蜇得敌人抱头鼠窜，落荒而逃……后来，人们为了表彰蜜蜂"保家卫国"的功绩，在修道院内修筑了一座蜜蜂纪念碑。

在现代战争中，如美军在侵越战争中，就吃过越军蜜蜂战的不少苦头。我国在1979年的对越自卫还击作战中，中国人民解放军侦察兵也曾使用过蜜蜂袭击越军特工。

进入信息时代的今天，蜜蜂还成为军队中优秀的"侦察兵"。美国蒙大拿大学生物学家布郎·曼尚克经过科学研究和进行多次实验后发现："蜜蜂可能是自然界中最杰出的物质监视器，它的毛发上充满静电，就像是一个飞行拖把。"

九、蜜蜂与排雷

经过特殊训练的蜜蜂可在控制污染和环境监测上大显身手。美国蒙大拿大学研究人员发现，蜜蜂在寻找地雷以及其他爆炸物方面同样具有非凡的能力。他们指出，与警犬相比，蜜蜂除了容易训练且工作起来更能吃苦耐劳外，在寻找"猎物"（各类爆炸物品）的准确性方面也显得"高出一筹"。目前，世界各地约有1.1亿颗地雷等待排除，每年约有2.6万人因此死亡或者变成残废，小小蜜蜂为搜寻这些对人类造成重大隐患的"杀手"开辟了新路。

有报道指出，出于生存需要，蜜蜂的嗅觉异常敏锐，因此，可以识别出许多犬只无法分辨的细微味道，加上这种昆虫经常是群体出动，因此，在搜索同样面积的情况下，远远比犬只更加有效。据说，探雷蜜蜂一般只需要接受短短几天训练就可以适应新任务的要求。科学家一直在用和地雷成分相似的模拟物来训练蜜蜂，所以，这种气味在"小工兵"们的头脑中已经形成了良好的记忆，它们已经完全可在"真刀真枪"的环境下接受考验了。

十、蜜蜂与找矿

前苏联乌拉尔有一个养蜂场，当科学家分析这个蜂场中蜂蜜的化学成分时，意外地发现其中有相当多的铜、钼、钛等稀有金属。经过调查研究，人们发现在蜜蜂经常采蜜的地方有丰富的铜、钼、钛矿床。在深山密林中，我们则可以利用蜜蜂来寻找矿藏，蜜蜂会给地质勘探提供找矿的线索。

十一、蜜蜂是地震的哨兵

地震是一种很严重的自然灾害。我国的不少动物在地震预报中，尤其是在地震短临预报中，具有很特殊和重要的作用。

因为地震发生前，在地球表面会形成一个很大的电场。它将改变着地球的磁场，进而导致大气中出现宽广面积的反常电磁干扰，空气中还会充斥着人体无法感觉到的电磁波和离子反常的聚集，这些物质能让不少动物难受，出现一些反常的行为，如羊儿不安怪声叫；家猫惊到往外跑；冰天雪地蛇出洞；鸡不进窝树上逃；老鼠成群忙搬家；黄鼠狼群结队跑；蜻蜓大群定向飞；金鱼缸中乱窜跳；笼中鸟儿撞又吵；蜜蜂群迁连窝逃。

据观察，蜜蜂因全身布满着微小的传感器和具有灵巧的脑神经，故能对地震前出现的微弱电磁脉冲和离子变化做出明显反应，因异常的电磁脉冲和空气中的电离子，会导致蜜蜂体内本来平衡的激素发生变化和生物钟的混乱，进而引起蜜蜂急躁不安，到处乱飞，甚至集体飞逃等反常现象。

我们利用蜜蜂作为观测网点有一个很大的优势，这就是我国蜜蜂品种和数量繁多，又覆盖分布在高风险的所有地段，各处的蜜蜂时刻处于警备状态，只要通过群防早预报，密切观察，监视蜜蜂的异常变化就可以尽早发出预报地震的信号。

深信不久的将来，一旦由蜜蜂发出的地震报警信息得到科学界的认可和采纳，我们就可以充分利用蜜蜂作为地震预报的工具之一，作为辅助常规科学测震方法的有力助手。

当然要完全解码蜜蜂预报地震的信息，任重而道远，依然是个艰苦的挑战。如果我们真能在这个领域取得突破和成功，那么，我们利用蜜蜂来预报地震，将会开创出一个动物预报地震的崭新局面。

十二、蜜蜂能监测环境污染

蜜蜂可称得上是最优秀的环境污染指示器。因蜜蜂在采蜜和授粉的全过程。它们飞行范围十分广阔，而遍布其周身的绒毛，所到之处都会粘上当地的灰尘和空气样本，我们通过研究蜜蜂采集来的标本，就可得知该地区环境污染的状况和范围。

蜜蜂不仅能通过呼吸道吸入、身上附着污染物为我们提供信息，它还可因密切接触被污染的植物和花朵，饮了该地区排出的污水而出现异常情况。因蜂群每日要采集大量的水，所以，我们只要通过研究污染有害物对蜜蜂生活的不良影响。如用异常、得病后或死去的蜜蜂进行化学分析，就能了解该地区有什么样的有害污染物，含量多少，另外还存在着什么疾病等。

如今科学家在蜂巢门口安装了花粉采集器，将蜜蜂采集回来的花粉、花蜜加以仔细分析，就能找到有毒污染物，如铅、锌、镉、碳氧化物、农药等；根据这项生态学实验的分析结果，已经可以较准确地了解该地区的污染情况。

有些国家还把训练有素的蜜蜂分放在各地，建立起有多个监测网点的蜂巢网络系统，大范围的进行环境监测。由于蜜蜂能为人类提供一种比其他任何化学方法或更经济的取样方法，这样就可以为我们节省不少的劳力和经费。

加上蜂巢遍布全国各地，覆盖面相当广阔，其实所有蜜蜂蜂巢都可看作是一个良好的环境探测器。

近来科学家还在通过研究蜜蜂脑神经的功能，希望能够确定污染物影响各地蜜蜂脑神经的方式，因许多污染有毒物，能严重损害蜜蜂的脑神经进而改变蜜蜂的视觉和定位功能以及扰乱蜜蜂群的联络系统，从而导致整个蜂群出现反常行为甚至全群崩溃死亡。

由此可见，蜜蜂的确是监测环境污染的重要哨兵和人类检测环境的良师益友。

第二节　蜜蜂与仿生学

一、蜜蜂与人造卫星

众所周知，要送人造卫星飞上太空轨道，必须要有很高的速度，发射火箭需要很大的能量。为了减少发射卫星所需的能量，就需要减轻卫星。怎样做到既能减轻卫星的重量，又能保证卫星有足够的空间容纳各种仪器设备，便成为卫星设计制造上的一大难题。科学家们从蜜蜂筑巢中得到了启示。

蜂房的结构非常精巧，它是由无数个大小相同的房孔组成，房孔均为正六边形，每个房孔的底既不是平的，也不是圆的，而是尖的，这个尖底是由3个完全相同的菱形组成。这种正六边形的蜂房孔，既结实又节省材料，还具有最大的容积。模仿蜂房结构制造卫星，不但可节省大量材料，减轻重量，而且容积大和强度高，同时还具有隔音和隔热的性能，是制造人造卫星内部结构比较理想的结构。

二、蜜蜂遨游太空

一群蜜蜂旅游上了太空，在那里建成了自己的蜂巢。这是美国宇航局在"挑战者"号飞船上进行的一项崭新的科学实验。这次宇航科学家为了研究蜜蜂在太空失重情况下的表现，专门在飞船上装载了一箱蜜蜂，共3 300只。

当飞船发射后，这些蜂群马上就飞向放食物的地方，然后不停地运动，并很快就建成了一个蜂巢，与在地面做的蜂巢一样。这就证明，蜜蜂们已很快适应了太空失重的情况，并学会了如何在失重的状态下飞行。而在所带去的3 000多只蜜蜂中，只有20只死亡。"挑战者"号的宇航员通过卫星把这一神奇的现象，向全世界进行了电视播放。

三、蜜蜂与照相机

在蜜蜂头部有3个单眼和一对奇妙的复眼，每只复眼都是由5 000个管状单位——小眼构成，从头部两侧向外突出好像广角聚光镜，光进入眼晶体到达感光细胞，如同照相机照相的全过程。现代照相机技术也受到蜜蜂的启发。科学家们模仿蜂眼的构造制成了先进的"蜂眼"照相机，1次就可拍1 000多张照片。

四、蜂眼与偏光导航仪

据计算，要酿 1 000 克蜂蜜，蜜蜂要采集约 200 万朵花，来回飞翔约 45 万千米。人们会问，蜜蜂为什么不会迷路呢？原来，蜜蜂共有 5 只眼睛，头两侧有 2 只大复眼，每只由 5 000 只小眼组成，另外 3 只生长在头甲上，称额眼，或单眼。单眼起光度计的作用。换言之，单眼是照明强度的感受器，它们决定蜜蜂早出和晚归的时间。

复眼中的每只小眼则是由 8 个感光细胞所组成，并作辐射状排列。蜜蜂是利用这些小眼来感受太阳偏振光，并据此来确定方向。

蜜蜂是根据太阳的偏振光确定太阳方位的，然后又以太阳为定向标来表示蜜源所在的方位。用太阳偏振光定向的优点是，即使是在乌云蔽日或太阳已落到地平线以下，蜜蜂仍能以太阳作为定向标。

科学家从蜜蜂的这种太阳偏光定向技术中得到启发，制造出用于航海的偏光天文罗盘。使用这种仪器，即使是在阴天、太阳未出来或已西沉之时，舰船也不会在茫茫的大海上迷失航向。按照同样原理制造的偏光天文罗盘已用于航空。因为电磁场的两极就在地球的两极附近，所以，在南极或北极附近的高纬度区域定向，就不能用地磁罗盘，必须改用偏振光罗盘或其他天文方法才不至于迷航。

五、蜂巢与房屋建筑

蜂巢是蜂群赖以生存和繁衍的家园，它供蜂王"生儿育女"，让工蜂酿蜜，存放花粉、蜂蜜和蜂王浆。蜂巢包括由人工制作的蜂箱、巢框、蜡制巢础和蜜蜂自行制作的巢脾。巢脾形似脾，两侧布满密密麻麻的巢房。巢脾上的巢孔基本是清一色的正六边形棱柱体工蜂房，只有个别巢脾的边角部位有少量稍大一点儿的雄蜂房。蜂王台则属于临时建筑，分蜂季节才会出现几个蜂王台。3 种巢房组合成漂亮整齐的蜜蜂"住宅"。蜜蜂休息时往往趴在巢房口上面，每只蜜蜂约占两个半巢房的空间。

马克思在《资本论》中写道"在蜂房的建筑上，蜜蜂的本领使许多以建筑为业的人感到惭愧……"18 世纪初，法国学者马拉尔其曾经测量过蜂巢的尺寸，得到一组非常有趣的数据，组成底盘的菱形的钝角均等于 $109°28'$，锐角则等于 $70°32'$，后来经过法国数学家克尼格和苏格兰数学家马克洛林从理论上计算，要用最少的材料制成底面积最大的菱形容器，它的角度应是 109°28′和 70°32′，竟和蜂巢分毫不差，这真是让人称奇道绝。

六、蜜蜂与微型地磁罗盘

蜜蜂对偏振光的觉察本能，向我们揭示了其他动物所没有的一种奇妙本领，但最近的研究又发现蜜蜂还能够将人所感受不到的地磁现象为它所用。

据研究发现，蜜蜂也能够较好地掌握地磁罗盘。当蜜蜂处在黑暗的蜂箱里时，既没有太阳光和蓝天，眼睛也失去功能，这时它们就利用地磁罗盘，尤其是在蜂群建巢的时候更能说明这个问题。

当蜂群最初群集在树枝上，外出寻找适合建巢地点的侦察蜂还在飞行途中的时候，如果养蜂人能把这蜂群引入到蜂箱，蜜蜂由于没有更好的选择，只好就在蜂箱的木框上建筑巢房，如果没有被养蜂人引回，这个分蜂群就会选择岩洞或空心大树干做它们的天然住宅。

科学家曾做过一个试验，将蜜蜂放在圆形硬纸筒里，进出孔在筒底的中央，蜂群在里面分辨不出天空的方向，却能建成漂亮的巢房。巢房在里间的位置与前辈蜜蜂所建造的一模一样，这颇使科学家们惊奇。它们不需要任何特殊的指令和设计方案，只要精准掌握了罗盘方向就可以。人们再把蜂群放在另一个圆筒中，圆筒的磁场方向人为地偏转 40°，结果蜜蜂所建造的蜂房也比原来的偏转 40°。

蜜蜂在飞行时除采取了其他的导航措施外，确实也依靠地球的磁场来定向。实验还表明，蜜蜂对只有地磁场强度千分之一的磁场同样会出现反应，可见蜜蜂对地磁是非常敏感的。

科学家们由此推断，蜜蜂不仅自身就是一个微型地磁罗盘，而且还熟练地掌握和利用了地球这个巨大的地磁罗盘来为自己服务。

七、蜜蜂与感冒治疗仪

俄罗斯一名学者经调查发现，养蜂人很少患感冒。原来，养蜂人经常打开蜂箱，呼吸到蜂箱内的气体。蜂箱内的蜂胶含有树脂、树胶、芳香油、蜂花粉和黄酮类等化合物质，这些物质能有效抑制呼吸道病毒的活力。因此，科学家研制成了能治疗感冒和流感等疾病的仪器，仪器里装有采自蜂箱的空气，对感冒和流感等均具有良好的辅助治疗效果。

主要参考文献

[1] 福建农学院. 养蜂学 [M]. 福州：福建科学技术出版社，1981.

[ ] 王本祥. 蜜蜂产品的医疗效能 [M]. 长春：吉林人民出版社，1981.

[ ] 宋心仿. 蜜蜂产品的生产与加工利用 [M]. 济南：山东科学技术出版社，1988.

[ ] 福建农学院. 蜜蜂生物学 [M]. 福州：福建科学技术出版社，1990.

[ ] 王焕然. 中国中医独特疗法大全 [M]. 上海：上海科学技术出版社，1992.

[ ] 百病蜂针疗法 [M]. 太原：山西科学技术出版社，1996.

[ ] 现代养蜂生产 [M]. 北京：中国农业大学出版社，1998.

[ ] 神奇的蜂产品 [M]. 广州：广东经济出版社，1999.

[9] 刘朝临. 蜂疗与养生 [M]. 北京：科学出版社，1999.

[10] 葛凤晨，孙哲贤. 蜂毒疗法 [M]. 长春：吉林科学技术出版社，2000.

[11] 陈盛禄. 中国蜜蜂学 [M]. 北京：中国农业出版社，2001.

[12] 宋心仿. 蜂产品保健与美容 [M]. 北京：中国农业出版社，2001.

[13] 李万瑶. 蜂针疗法 [M]. 北京：人民卫生出版社，2004.

[14] 李海燕，吴杰. 蜜蜂生生不息一亿年的奥秘 [M]. 北京：中国轻工业出版社，2007.

[15] 杨冠煌. 中华蜜蜂 [M]. 北京：中国农业科学技术出版社，2008.

[16] 陈恕仁，林纪新. 人类健康之友蜜蜂与蜂产品 [M]. 广州：广东科学技术出版社，2010.

[17] 王金庸，王孟林，王润洲. 中医蜂疗学 [M]. 沈阳：沈阳出版社，1997.